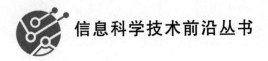
信息科学技术前沿丛书

# 理解 Python

侯　璐　韩灵怡　　编著
耿运鑫　熊　雄

北京邮电大学出版社
www.buptpress.com

## 内 容 简 介

随着人工智能技术的发展和普及，Python 逐渐成为工程及科研人员必不可少的专业工具。复杂系统高效实现和迭代维护的基础是程序编写的正确性和通畅性，而这严格依赖于编程人员对于编程语言的理解程度。针对这一需求，本书由浅入深地介绍了 Python 编程语言的进阶知识。本书的特点在于，摒弃了目前市面上广泛存在的基础性内容，淡化了语法层面的使用说明，结合作者多年的工作经验，以独到的视角讲解了 Python 语言的原理性知识，可使读者对 Python 语言有充分的、全新的理解与认知，对希望获取进阶知识的读者有一定的参考价值。

**图书在版编目（CIP）数据**

理解 Python / 侯璐等编著 . -- 北京 ：北京邮电大学出版社，2024. -- ISBN 978-7-5635-7283-0

Ⅰ. TP312.8

中国国家版本馆 CIP 数据核字第 2024GY6724 号

策划编辑：姚　顺　　责任编辑：孙宏颖　　责任校对：张会良　　封面设计：七星博纳

出版发行：北京邮电大学出版社
社　　址：北京市海淀区西土城路 10 号
邮政编码：100876
发 行 部：电话：010-62282185　传真：010-62283578
E-mail：publish@bupt.edu.cn
经　　销：各地新华书店
印　　刷：保定市中画美凯印刷有限公司
开　　本：787 mm×1 092 mm　1/16
印　　张：13.75
字　　数：370 千字
版　　次：2024 年 8 月第 1 版
印　　次：2024 年 8 月第 1 次印刷

ISBN 978-7-5635-7283-0　　　　　　　　　　　　　　　　　定价：49.00 元

· 如有印装质量问题，请与北京邮电大学出版社发行部联系 ·

# 前言

随着人工智能技术的发展,其语言基础 Python 已经成了不可或缺的一项基本工具。编程语言排行榜 TIOBE 显示,截至 2024 年 2 月,Python 位于榜首位置,且得分超过第二名 C 语言约 50%(Python Rating 15.16% VS C Rating 10.97%[①])。虽然语言本身与算法之间并无直接的关联,人工智能算法可以由任意语言实现,但是 Python 已成了事实上的人工智能语言。在当今这个人工智能时代,各行各业都感受到了来自人工智能领域的冲击。从 2016 年的 AlphaGo 击败李世石,到 2023 年的 ChatGPT 问世,以及 2024 年的 Sora 兴起,计算机科学推动着人工智能的发展,人工智能开始在人类生活的各个领域崭露头角。因此,学习 Python 在当今这个时代是十分必要的。

Python 是一门高级语言,发明者在创造 Python 时十分注重语法的可读性,因此,Python 语言的语法看起来十分贴近自然语言,易于人们理解。对于初学者来说,Python 语言非常直观易学,但这并不意味着 Python 语言是一门简单的语言,其蕴含的设计思想十分精巧。从 1991 年第一个公开发行的 Python 版本问世,到现在 Python 登上编程语言的顶峰,这些都展现了 Python 语言的生命力。正是因为 Python 语言简洁的语法和不断增长的学习需求,目前,市面上存在大量的 Python 学习资料。这些资料绝大多数都停留在基础语法层面,仅能教会我们如何使用 Python 这个工具,而很少介绍高级的用法和内在的思想。不理解高级特性,不理解语言背后的机制,对语言的运用就缺乏灵活性,所编写的程序就缺乏可读性和高效性。少量的 Python 进阶书籍则默认读者已经具备了较为充足的 Python 基础知识,直接介绍 Python 的高级特性和用法。因此,本书编写的目标在于构建 Python 学习从基础至进阶的桥梁,本书既保留了部分基础性内容,又融合了高级特性,使得读者能够真正提升用 Python 进行编程的能力。

本书分为 4 章,每章都是一个大的主题,每节都是该主题下的一个小的知识点,每个知识点均包含大量的实践程序,希望读者在阅读本书时,能够跟随示例尝试编写程序,以体会知识点的含义。由于本书的篇幅有限,本书无法将 Python 全部的知识点都涵盖,每章的内容也未必是对这章主题的完整探讨。在本书的 4 章中,最重要的章为第 4 章,第 4 章详细地讲解了

---

① https://www.tiobe.com/tiobe-index/。

Python 面向对象编程的内涵，展示了 Python 的设计思想和一致性理念的贯彻方式。

有两本书籍在本书的编写过程中给作者带来了巨大的启发，即 *Python Cookbook*（作者：David Beazley 与 Brian K. Jones）和 *Fluent Python*（作者：Luciano Ramalho）。本书中部分示例和内容灵感均来自上述两本书籍的部分章节，所有内容均已标注引用，在此感谢这两本书籍的作者。此外，本书还参考了众多其他 Python 书籍以及 Python 官方文档、PEP 文档等在线资源，在此对所有为 Python 做出贡献的人员表示感谢与敬意。在本书成稿的过程中，作者侯璐（北京邮电大学）完成了本书绝大部分内容的编写，韩灵怡（中国自然资源航空物探遥感中心）完成了部分内容的编写和程序测试，耿运鑫（中国卫星网络集团有限公司）完成了整体格式的校对，熊雄（中国电信研究院）提供了重点内容的理论与程序支撑。最后，感谢北京邮电大学出版社的各位工作人员对本书出版所提供的帮助。

# 目 录

## 第 1 章　Python 的基础故事 ... 1

### 1.1　Python 版本历史 ... 2
### 1.2　基础语法 ... 2
#### 1.2.1　连等赋值 ... 5
#### 1.2.2　交换变量 ... 6
#### 1.2.3　三元运算符 ... 6
#### 1.2.4　索引与遍历 ... 7
#### 1.2.5　＋＋＋＋＋＋＋ ... 10
#### 1.2.6　帮助文档 ... 11
#### 1.2.7　生成斐波那契数列 ... 12
#### 1.2.8　一个谜题 ... 13
#### 1.2.9　异常处理 ... 13
#### 1.2.10　无所不在的 else ... 16
### 1.3　Python 数据结构 ... 19
#### 1.3.1　列表 ... 19
#### 1.3.2　元组 ... 22
#### 1.3.3　选列表还是选元组？ ... 22
#### 1.3.4　排序 ... 23
#### 1.3.5　集合 Sets ... 26
#### 1.3.6　映射类型——字典 ... 27
#### 1.3.7　扩展的字典 ... 32
### 1.4　数组或列表？ ... 36

| | | |
|---|---|---|
| 1.4.1 | Python 数组 | 36 |
| 1.4.2 | 创建 array | 38 |
| 1.4.3 | 更底层 | 40 |
| 1.4.4 | array 更快吗？ | 40 |

1.5 字符串 ... 41

| | | |
|---|---|---|
| 1.5.1 | 字符串基础 | 41 |
| 1.5.2 | 字符串操作 | 43 |
| 1.5.3 | 原始字符串 | 44 |
| 1.5.4 | 标准库 string | 46 |
| 1.5.5 | 随机密码生成器 | 46 |
| 1.5.6 | 字符串格式化 | 47 |

1.6 字符串匹配 ... 51

| | | |
|---|---|---|
| 1.6.1 | in | 51 |
| 1.6.2 | Xswith | 52 |
| 1.6.3 | find | 52 |
| 1.6.4 | 通配符匹配 | 53 |
| 1.6.5 | 正则表达式 | 54 |

1.7 扩展的容器结构 ... 57

| | | |
|---|---|---|
| 1.7.1 | 冻结集合 Frozensets | 57 |
| 1.7.2 | 有序字典 OrderedDict | 57 |
| 1.7.3 | 默认项字典 defaultdict | 58 |
| 1.7.4 | 双端队列 deque | 58 |
| 1.7.5 | 命名元组 namedtuple | 60 |

1.8 高级切片 ... 61

| | | |
|---|---|---|
| 1.8.1 | 切片 | 61 |
| 1.8.2 | 切片对象 | 62 |
| 1.8.3 | 索引元组 | 64 |

## 第 2 章 理解字节 ... 66

2.1 编码 ... 66

| | | |
|---|---|---|
| 2.1.1 | 字符集 | 66 |

## 2.1.2 Unicode 编码方式 ·············· 68
## 2.1.3 UTF-8 ························ 68
## 2.1.4 Python 3 的默认字符集与编码 ·· 69
## 2.1.5 字符串与字节字面量 ············ 69
## 2.1.6 encode 与 decode ················ 70
## 2.1.7 十六进制字符串 ·················· 71
## 2.1.8 查看原始 Unicode 码 ············ 71
## 2.1.9 Python 2 的不足 ················ 72
## 2.2 bytes 类型 ························· 73
### 2.2.1 可变字节序列:bytearray ·········· 73
### 2.2.2 字节处理 ······················· 74
## 2.3 缓冲区协议 ·························· 74
## 2.4 序列化 ······························ 77
### 2.4.1 统一接口 ······················· 78
### 2.4.2 pickle ·························· 78
### 2.4.3 不可序列化对象 ················· 81
### 2.4.4 有状态对象序列化 ··············· 82
### 2.4.5 自定义序列化 ··················· 82
### 2.4.6 序列化外部对象 ················· 83
### 2.4.7 shelve ·························· 84
### 2.4.8 JSON ··························· 85
### 2.4.9 JSON 编码方式 ·················· 87
### 2.4.10 自定义解析器 ··················· 88

# 第 3 章 理解函数 ························ 90

## 3.1 初探 ································ 90
### 3.1.1 "一等公民"特性 ················ 91
### 3.1.2 匿名函数 ······················· 91
### 3.1.3 高阶函数 ······················· 92
### 3.1.4 嵌套定义 ······················· 93
### 3.1.5 返回值函数 ····················· 93

3.1.6　闭包 ································································································· 94

　　3.1.7　偏函数 ····························································································· 95

3.2　进阶 ············································································································· 97

　　3.2.1　嵌套函数 ··························································································· 97

　　3.2.2　装饰器@ ··························································································· 98

　　3.2.3　带参数的func1() ················································································ 99

　　3.2.4　带参数的装饰器 ················································································ 100

　　3.2.5　装饰器组合 ······················································································ 100

　　3.2.6　保留签名 ························································································· 102

　　3.2.7　保持函数参数一致 ············································································· 104

　　3.2.8　可选参数装饰器 ················································································ 105

3.3　生成器 ········································································································ 105

　　3.3.1　迭代器回顾 ······················································································ 105

　　3.3.2　生成器 ···························································································· 106

　　3.3.3　对比迭代器 ······················································································ 107

　　3.3.4　send方法 ························································································ 108

　　3.3.5　throw和close ··················································································· 109

　　3.3.6　示例:斐波那契数列 ············································································ 110

　　3.3.7　生成器代替闭包 ················································································ 110

　　3.3.8　生成器代替递归 ················································································ 112

3.4　生成器代理 ·································································································· 114

　　3.4.1　yield ······························································································· 114

　　3.4.2　嵌套列表 ························································································· 115

　　3.4.3　生成器代理 ······················································································ 117

3.5　闭包 ············································································································ 118

　　3.5.1　命名空间与作用域 ············································································· 119

　　3.5.2　global ····························································································· 120

　　3.5.3　nonlocal ·························································································· 121

　　3.5.4　闭包 ······························································································· 123

# 第4章　理解对象 ································································································ 124

4.1　面向对象基础 ······························································································· 124

    4.1.1 面向对象的概念 …………………………………………………… 124
    4.1.2 Python 类基础 ……………………………………………………… 124
4.2 Python 的特殊方法与协议 …………………………………………………… 128
4.3 Python 单继承 ………………………………………………………………… 132
4.4 迭代器 ………………………………………………………………………… 138
    4.4.1 迭代器类 ……………………………………………………………… 138
    4.4.2 itertools 标准库 ……………………………………………………… 145
4.5 构造函数和初始化函数 ……………………………………………………… 152
4.6 函数类型 ……………………………………………………………………… 157
4.7 上下文管理器 ………………………………………………………………… 162
    4.7.1 上下文管理器类 ……………………………………………………… 162
    4.7.2 标准库的支持 ………………………………………………………… 168
4.8 多重继承与 MRO ……………………………………………………………… 172
    4.8.1 多重继承 ……………………………………………………………… 172
    4.8.2 方法解析顺序 ………………………………………………………… 173
    4.8.3 单调性问题 …………………………………………………………… 174
    4.8.4 无效重写问题 ………………………………………………………… 174
    4.8.5 super ………………………………………………………………… 175
4.9 属性访问的魔法——组合的实现 …………………………………………… 176
    4.9.1 属性的定义 …………………………………………………………… 176
    4.9.2 组合 …………………………………………………………………… 178
    4.9.3 __getattr__ …………………………………………………………… 179
    4.9.4 __getitem__ …………………………………………………………… 181
    4.9.5 property ……………………………………………………………… 182
4.10 描述符 ……………………………………………………………………… 186
    4.10.1 property 是高级描述符的原因 …………………………………… 192
    4.10.2 缓存示例 …………………………………………………………… 193
    4.10.3 数据描述符和非数据描述符 ……………………………………… 194
    4.10.4 方法 ………………………………………………………………… 195
    4.10.5 为什么做成描述符？ ……………………………………………… 195
    4.10.6 类方法与静态方法 ………………………………………………… 198

4.11 属性访问的魔法——__getattribute__ …………………………… 201
    4.11.1 __getattribute__ ……………………………………………… 202
    4.11.2 __getattr__与__getattribute__ ………………………………… 203
    4.11.3 特殊方法的访问 ………………………………………………… 204
    4.11.4 自定义__getattribute__ ………………………………………… 205
    4.11.5 属性访问方式的总结 …………………………………………… 207

后记 ………………………………………………………………………… 210

# 第 1 章
# Python 的基础故事

  Python 是一门多范式高级动态解释型编程语言。它在 1989 年由 Guido van Rossum（国内多称"龟叔"）创建，是一种纯粹的开源自由软件，其 C 语言实现 CPython 遵从 GPL（GNU General Public License）开源协议。目前由 Python Software Foundation（PSF）负责维护和发展 Python，并促进国际性 Python 社区的成长。Python 这个名字来自一个 BBC 的电视节目名字：*Monty Python's Flying Circus*。关于龟叔还有一个有趣的传说：他在谷歌面试的时候，简历上只写了一句话"I wrote Python"，但 HR 并未看懂其真正含义，直到第 10 轮面试他才被人认出是 Python 的发明者。

  Python 具有如下优点。
- 多范式：支持各类编程范式。
- 语法高级：相对于其他语言而言更贴近人类语言。
- 动态：动态类型、动态绑定、动态解释。
- 解释型：Python 解释器会一边解释语言，一边执行语言。Python 有别于 C/C++ 或 Java，需要事先编译成可执行文件，再运行。

  Python 的优势在于简洁、清晰、优雅。Python 的核心在于对任何一件事，它都提供了且只提供了一种最好的实现方式，用户不用去选择，只要相信 Python 语言或标准库的实现是最好的即可。它大大地提升了开发效率，降低了门槛。此外，Python 具有跨平台、可扩展、应用广泛等诸多优点，同时，它可以轻易地同 C 语言进行混合编程，来解决一些饱受标签化诟病的性能问题。

  实际上，直到 2017 年，Python 才真正进入了大多数国内开发人员的视线中，这一方面自然归结于机器学习的爆发式增长，另一方面归结于人们改变了对于一些问题的认识。在国内，Java 依旧垄断了大型项目的开发（Java 有其独特的优势，并且 Java 依旧是全世界最流行的编程语言之一），然而，国外的公司更青睐于使用 Python。当然，语言本身无高低之分。

  Python 从很久以前就因一个天然不足而被人误解。直到今天，提到 Python，人们也会直接想起：速度太慢。这其实是一个标签化的观点。诚然，相比于 C/C++，或是 Java，Python 的运行效率确实不高，然而：
- 在现今这个物理硬件性能和软件复杂性齐头飙升的时代，运行效率变得不再重要，取而代之的是开发效率的瓶颈束缚着软件的发展；

➢ 在互联网时代，运行效率相比 IO 密集型业务带来的 IO 等待时间是小巫见大巫；
➢ 即使确实遇到了性能瓶颈，也可以在定位问题后通过 C 语言重写瓶颈代码来优化。
当然，Python 还有一些其他方面的不足，后续会深入讲解。

## 1.1 Python 版本历史

Python 语言目前处于 3.12 版本，3.13 版本处于预发布阶段。在曾经的发展中，Python 经历了一次极富争议的变化。在到达 Python 2.5 版本左右时，Guido 决心对 Python 语言进行重整，保持它简洁的核心风格，但是对于多余的模块、功能进行了削减，保证 There should be one—and preferably only one—obvious way to do it(应当有一种甚至最好只有一种直观的方式去实现)。此外，对于某些问题或设计上的瑕疵(例如 Unicode 编码问题)，以及越发臃肿的核心，Guido 果断放弃了后向兼容性，于 2008 年 10 月推出了 Python 2.6 版本，为 3.0 版本做了铺垫。紧接着，在同年 12 月发行了 Python 3.0 版本。至此，Python 语言走向了新的发展道路。这一次彻底放弃兼容性带来了巨大的争议(因为当时已经有大量成熟的库是由 Python 2 实现的)。此后，在 2009 年，Python 3.1 版本被推出。2010 年 Python 2 的最后一个版本——Python 2.7 被推出，同时，Python 社区分裂成了两部分，即 Python 2 和 Python 3。从那以后，Python 以平均 1 年的速度推进着新的版本，Python 3.11 于 2022 年 10 月被推出，Python 3.12 于 2023 年 10 月被推出。Python 3.13 目前处于预发布阶段，预计 2024 年 10 月 1 日释出最终发行版。

有人比喻，Python 2.7 像一匹飞奔的骏马，在 Python 3.0(它像一辆刚发明出来的汽车)到来之后依旧飞速地向前奔跑着。然而，历史的潮流终于还是将 Python 2.7 淹没了。2014 年 3 月，Guido 正式宣布 Python 2.7 于 2020 年 1 月 1 日"寿终正寝"。目前，我们在接触 Python 时，已经无须考虑任何 Python 2 的内容。作者在初次接触 Python 时，Python 3 还未问世，当时许多大型项目均宣称不会升级至 Python 3。今日，Python 2 已经逐渐被人遗忘了。

结论：不论你是一名初学者，还是已经熟知了 Python，不论你用它编写脚本，还是将它用于 TensorFlow、PyTorch 神经网络，我都建议你尽可能使用 3.10 以上的版本，并紧跟着社区的步伐。新的特性和更稳定的内核可以让你的开发更加游刃有余。当然，如果目标软件库对 Python 的版本作出了要求，则还是采用要求的版本最为适宜。

本书的所有内容，无特殊说明，均以 Python 3.11 版本为主要版本。

## 1.2 基础语法

本书首先简要带大家回顾一下 Python 的基础语法。Python 语法简洁清晰，例如，定义一个变量(本质是用一个标识符 a 引用了数字 1 的内存地址)：

```
a = 1
```

Python 利用严格缩进来实现代码块，通常缩进为 4 个空格。为了保证程序缩进正确和美观，应当为编辑器设定一个 tab 等于 4 个空格，并利用 tab 来缩进代码：

```
a = 1
if a == 1:
    print(True) # True
print(False) # False
# 这条语句已经跳出了 if 语句块
```

Python 利用"#"进行行注释。字符串由单引号或双引号包裹，两者没有任何区别：

```
a = 'hi'
b = "hello"
c = "Lucy's hat"
```

甚至可以用 3 个单引号来定义长字符串：

```
l = '''
This
is
a
very
long
string
'''
```

打印命令用 print：

```
print('hello world') # hello world
```

获取用户输入采用 input：

```
>>> inp = input('Please input your name：')
>>> Please input your name：houlu
>>> print(inp) # houlu
```

获取的输入是字符串类型，即使用户输入一个整数。基本运算加、减、乘、除（＋、－、＊、/）及累加操作：

```
a = 1
a += 1
print(a) # 2
```

可以看出 a＋＝1 操作等价于 a＝a＋1。这对其他的操作符均有效。
这里要提到一点，"/"是普通除法，不论除数与被除数是多少，结果都是浮点数类型：

```
print(10 / 5) # 2.0
```

要想实现整除，请用双斜线（//）：

```
print(10 // 5) # 2
print(3 // 4) # 0
```

取余操作采用"%":

```
print(10 % 4) # 2
```

幂运算:

```
print(10 ** 3) # 1000
```

比较运算:

```
a = 2
print(a <= 3) # True
print(a > 4) # False
```

逻辑运算与(and)、或(or)、非(not):

```
print(a <= 3 and a < 2) # False
print(not a > 4 or a <= 3) # True
```

Python 提供了链式比较的方式来简化条件判断:

```
print(1 < a <= 3 < 4 < 5 < 6) # True
```

是不是很简洁?

条件语句 if…elif…else:

```
a = -1
if (a > 1):
    print('if')
elif a < 0: # 最好加括号
    print('elif')
else:
    print('else')
# elif
```

循环语句:Python 的循环语句有两种,即 for…in…和 while…。while…循环同其他语言一样:

```
a = 3
while True:
    a -= 1
    print(a)
    if a == 0:
        break
# 2
```

```
#1
#0
```

for循环允许用户遍历一个可迭代对象的每一个元素:

```
a = ['a', 2, 3]
for i in a：
    print(i)
# 'a'
# 2
# 3
```

从其他语言转来Python的朋友通常会对for…in…感到迷惑,并写出这样的代码:

```
a = ['a', 2, 3]
for i in range(len(a))：
    print(a[i])
# 'a'
# 2
# 3
```

要摒弃这样复杂低效的写法,时刻谨记for…in…可以直接遍历每个元素。

下面来试着实现一个简单的猜数字游戏:从1到10,令玩家猜一个整数,按每次猜测的结果缩小范围,最后打印猜到数字用了多少次。

来试着玩一下:

猜数字程序

```
猜一下 1～10：9
猜错了,再猜:1～9：8
猜错了,再猜:1～8：10
猜错了,再猜:1～10：7
猜错了,再猜:1～7：6
猜对了! 共猜了 5 次
```

## 1.2.1 连等赋值

Python允许采用连等赋值来同时赋值多个变量:

```
e = 1
a = b = c = d = e
print(a)
# 1
print(b)
# 1
print(c)
```

```
#1
print(d)
#1
```

## 1.2.2 交换变量

在其他语言中,交换变量通常这样写(以C++为例):

```
#include<stdio.h>

int main()
{
    int a = 1;
    int b = 2;
    int temp = a;
    a = b;
    b = temp;
    printf("a: %d, b: %d\n", a, b);
    return 0;
}
```

编译运行结果是:

```
a: 2, b: 1
```

而在Python中,可以这样交换变量:

```
a = 1
b = 2
a, b = b, a
print(a)
#2
print(b)
#1
```

## 1.2.3 三元运算符

在其他语言中,三元运算符通常是这样的结构:

```
//C
#include<stdio.h>

int main()
```

```
{
    int a = 1;
    int b = a >= 1?2:3;
    return 0;
}
```

运行结果是当 a>=1 时,b=2,否则 b=3,等价于:

```
//C
#include <stdio.h>

int main()
{
    int a = 1;
    int b = 0;
    if (a >= 1)
    {
        b = 2;
    }
    else
    {
        b = 3;
    }
    return 0;
}
```

Python 并不支持三元运算符,但是有语法糖支持三元操作,请看:

```
a = 1
b = 2 if a == 1 else 3
print(b)
# 2
```

if 条件判断为 True,则 b 等于前面的值,否则等于后面的值,这样便实现了三元操作。

## 1.2.4 索引与遍历

**1. enumerate**

在前文我们提到可以利用 for…in… 直接遍历一个列表的值。但是,某些时候确实需要获取到列表的索引,这时候该怎么做呢?利用 enumerate:

```
a = [x for x in 'hello']
print(a)
#['h','e','l','l','o']
```

```
for ind, val in enumerate(a):
    print('{}: {}'.format(ind, val))

# 0: h
# 1: e
# 2: l
# 3: l
# 4: o
```

enumerate 本质上是一个迭代器,因而可以用 next 来访问元素:

```
a_enum = enumerate(a)
a_enum.__next__()
# (0, 'h')
print(check_iterator(a_enum))
# True
```

**2. zip**

在另外一些情况中,可能希望同时遍历多个列表,该怎么做呢? 利用 zip:

```
a = [x for x in 'hello']
b = [x for x in range(5)]
c = [ord(x) for x in a]

for val in zip(a, b, c):
    print(val)

# ('h', 0, 104)
# ('e', 1, 101)
# ('l', 2, 108)
# ('l', 3, 108)
# ('o', 4, 111)
```

zip 按顺序将几个可迭代对象的元素聚合到元组中,这样,在迭代时就可以一次性迭代多个列表:

```
for a_el, b_el, c_el in zip(a, b, c):
    print('{}, {}, {}'.format(
        a_el,
        b_el,
        c_el
    ))

# h, 0, 104
```

```
# e, 1, 101
# l, 2, 108
# l, 3, 108
# o, 4, 111
```

所以,当用户希望实现将两个可迭代对象分别作为一个字典的键值来生成这个字典时,zip 是非常好的选择:

```
a = [x for x in 'dict']
b = [x for x in range(4)]
c = dict(zip(a, b))
print(c)
# {'c': 2, 'd': 0, 't': 3, 'i': 1}
```

如果可迭代对象的长度不一致怎么办?zip 只保留到最短的一个对象的长度:

```
a = [x for x in range(2)]
b = [x for x in range(3)]
c = [x for x in range(5)]
for val in zip(a, b, c):
    print(val)

# (0, 0, 0)
# (1, 1, 1)
```

想要按最长的对象保留,需要使用标准库 itertools 中的 zip_longest:

```
from itertools import zip_longest
for val in zip_longest(a, b, c, fillvalue = None):
    print(val)

# (0, 0, 0)
# (1, 1, 1)
# (None, 2, 2)
# (None, None, 3)
# (None, None, 4)
```

zip 也是迭代器:

```
abc_zip = zip(a, b, c)
print(next(abc_zip))
# (0, 0, 0)
print(check_iterator(abc_zip))
# True
```

zip 还有另一个作用，可以将一些组合按索引拆分成独立的部分：

```
l = [(1, 4), (2, 5), (3, 6)]
a, b = zip(*l)
print(a)
#(1, 2, 3)
print(b)
#(4, 5, 6)
```

现在看一个例子，利用 zip 模拟矩阵转置。我们利用嵌套列表来模拟矩阵：

```
from random import randint
mat = [
    [randint(x, y) for x in range(3)]
    for y in range(3)
]
print(mat)
#[[7, 5, 10], [9, 8, 7], [3, 7, 2]]

t_mat = zip(*mat)
print(list(t_mat))
#[(7, 9, 3), (5, 8, 7), (10, 7, 2)]
```

有人说列表变成了元组了，希望还使用列表，可以利用列表推导式做一点修改：

```
t_mat = [list(x) for x in zip(*mat)]
print(t_mat)
#[[7, 9, 3], [5, 8, 7], [10, 7, 2]]
```

## 1.2.5 ++++++

C 系语言当中都会有＋＋运算符，表示自增运算。在 Python 中有吗？

```
a = 1
print(++a)
#1
print(++++++++++a)
#1
print(--a)
#1
print(----------a)
#-1
```

在 Python 中，用户可以排列一堆加减号在变量前，但是貌似它没有增加，只是变了正负符号。事实上，Python 将变量前面的加减号解释为了正负符号，而不是自增运算。

## 1.2.6 帮助文档

在编程过程中,很多时候很难记住函数的参数都有哪些。除了查询文档外,还可以利用 help()函数直接查看函数的帮助信息:

```
>>> help(zip)
Help on class zip in module builtins:

class zip(object)
 |  zip(iter1 [,iter2 [...]]) --> zip object
 |
 |  Return a zip object whose .__next__() method returns a tuple where
 |  the i-th element comes from the i-th iterable argument. The .__next__()
 |  method continues until the shortest iterable in the argument sequence
 |  is exhausted and then it raises StopIteration.
...
```

这里仅贴出了前几行。

用户也可以为自己的函数或类增加这样的文档:

```
def add(a, b):
    '''
    Util: add
    Params:
    @ a: object
    @ b: same type with a
    Return:
    % a plus b
    '''
    return a + b

help(add)


Help on function add in module __main__:

add(a, b)
    Util: add
    Params:
        @ a: object
        @ b: same type with a
    Return:
        % a plus b
```

## 1.2.7 生成斐波那契数列

斐波那契数列是指这样一个数列：
$$1, 1, 2, 3, 5, 8, 13, 21, 34, \cdots$$
其递归定义是这样的：
$F(1)=1$
$F(2)=1$
$F(n)=F(n-1)+F(n-2)$

它是无限长的数列。下面我们简单实现一个小程序，通过这个小程序来获取一个斐波那契数列，并求其中小于 $n$ 的元素中偶数的和。

按照传统的思路，可能你会写出这样的代码来产生斐波那契数列，利用 while 循环，按照上述公式计算下一个值，存到列表里：

```python
def fibonacci(n):
    fib = [1, 1]
    ind = 2
    while True:
        temp = fib[ind - 2] + fib[ind - 1]
        if temp > n:
            break
        fib.append(temp)
        ind += 1
    return fib
```

然后计算偶数和：

```python
def even_sum(n):
    fib = fibonacci(n)
    s = 0  # sum
    for i in fib:
        if not (i % 2):
            s += i
    return s
```

实际上，我们可以完成一个更加 Pythonic[①] 的版本。
来看一下结果：

Pythonic 的斐波那契数列实现

```
N = 10000000
# 列表法
print(even_sum(N))
# 82790070
# 迭代器法
print(even_sum(N))
# 82790070
```

---

① Pythonic 是指具有 Python 风格的。

迭代器能够节约大量的内存(从始至终只用了两个变量)。此外,这里利用元素交换巧妙地完成了斐波那契相加的操作。

### 1.2.8 一个谜题

```
t = (0, 1, [1, 2])
t[2] += [3, 4]
```

猜猜上述代码会输出什么?
答案:

```
TypeError: 'tuple' object does not support item assignment
```

如果再打印 t 呢?

```
print(t)
# (0, 1, [1, 2, 3, 4])
```

为什么都报错了,t 还是变了呢?
这是因为"+="操作不是原子操作,它先进行了"+"操作,即将 t 的第 3 个元素(可变对象)加上一个新的列表(当然是可行的),然后再进行"="操作(t[2]=[1,2,3,4]),而元组是不可变的,不支持对元素进行赋值,所以报错了。

### 1.2.9 异常处理

所谓异常,即在程序运行过程中产生的错误,会造成程序终止执行。我们都有经验,当少写了一个括号,或者缩进错误时,程序会在错误位置停止运行,并打印出错误信息,提示我们程序在某个位置出错退出了,这个流程叫做抛出异常。

```
def func():
    f
    print(hi)
func()
# NameError: name 'f' is not defined
def:
    return 'hi'
# SyntaxError: invalid syntax
```

处理这个异常的过程,在一个程序的编写过程中至关重要,它可以保证程序能够处理各种各样的问题而不会中断执行。与其他语言中我们见过的 try…catch…语法不同,Python 的异常处理采用 try…except…进行:

```
try:
    def:
```

```
        return 'hi'
except:
    print('An error occurred')
print("Program didn't stop here")
# An error occurred
# Program didn't stop here
```

通过捕获异常,我们可以避免程序遇到错误后崩溃结束。有时候,我们希望能够针对特定的异常来给出不同的处理方式,例如,对于除法操作,当用户输入的除数为 0 时,Python 会抛出一个 ZeroDivisionError:

```
def div(a, b):
    return a / b
a = input('Input number a: ')
b = input('Input number b: ')
a, b = int(a), int(b)
print(div(a, b))
# Input number a: 10
# Input number b: 0
# ZeroDivisionError: division by zero
```

此外,当用户输入一个非数字字符时,上述代码会抛出一个 TypeError:

```
# Input number a: 10
# Input number b: x
# ValueError: invalid literal for int() with base 10: 'x'
```

在两种情况下,程序都会终止运行。如果我们希望分别处理不同的异常,可以排列 except 块:

```
def div(a, b):
    return a / b
a = input('Input number a: ')
b = input('Input number b: ')
try:
    a, b = int(a), int(b)
    print(div(a, b))
except ZeroDivisionError:
    print('Number b cannot be zero')
except ValueError:
    print('Input a and b must be numbers')
except:
    print('Unknown error occurs')
print('Program will not end')
```

这样，当我们给出不同的错误输入时，会收到不同的错误提示，且程序不会直接退出：

```
# Input number a: 10
# Input number b: x
# Input a and b must be numbers
# Program will not end

# Input number a: 10
# Input number b: 0
# Number b cannot be zero
# Program will not end
```

如果我们需要打印出异常的一些信息以方便调试该怎么做呢？可通过 as 语句为异常做个更名：

```
try:
    10 / 0
except ZeroDivisionError as e:
    print(e)
# division by zero
```

通过直接打印 e 可以直接查看异常信息。如果想要查看更详细的栈信息，可以利用标准库 traceback 来查看：

```
try:
    10 / 0
except ZeroDivisionError as e:
    import traceback
    traceback.print_exc()
print('Print here')
# Traceback (most recent call last):
# File "C:\…py", line 51, in <module>
# 10 / 0
# ZeroDivisionError: division by zero
# Print here
```

这里的输出就是 Python 标准的错误输出，只不过这里是通过捕获异常而打印出来的，程序并不会崩溃：

```
10 / 0
print('Print here')
# Traceback (most recent call last):
# File "C:\…py", line 50, in <module>
# 10 / 0
# ZeroDivisionError: division by zero
```

异常语句还有一个比较有用的分句,即 finally,表示无论是否抛出了异常,异常是否处理了,程序不会崩溃或崩溃之前,都会执行的一段代码。

finally 可以用于异常后的一些收尾工作,因为它无论怎样都会执行,所以适用于关闭文件描述符、断开各类链接等结束性操作,保证在程序崩溃时,资源能够得到合理释放,避免泄露。

带有 finally 从句的异常处理

## 1.2.10 无所不在的 else

else 是条件语句 if 的最后一个分支:

```
a = -1
if (a > 1):
    print('if')
elif a < 0:  # 最好加括号
    print('elif')
else:
    print('else')
# elif
```

对于其他大部分语言而言,else 的功能就到此为止了。在 Python 中,else 还活跃于很多其他地方。例如,对于一个循环,如果我们设置了一个条件,满足则在循环中途 break 出去,或者不满足直到循环自然结束:

```
import random
num = 0
for i in range(10):
    if 2 <= num <= 5:
        break
    else:
        num = random.randint(0, 10)
print(num)
```

这里每次循环都检查 num 是否在 2~5 之间,在则跳出循环,不在则生成新的随机整数。那么问题来了,如何知道这个循环是提前结束了还是自然结束的?在其他语言中可能我们需要增加一个标志位,在 Python 中可以直接利用 else 实现:

```
import random
num = 0
for i in range(10):
    # 这里为了让循环不会 break
    if 2 < num < 3:
        break
    else:
```

```
        num = random.randint(0, 10)
else:
    print('Normally end')
# Normally end
```

这里尝试直接跳出循环：

```
num = 0
for i in range(10):
    # 这里让循环 break
    if num:
        break
    else:
        num = random.randint(0, 10)
else:
    print('Normally end')
```

最后的 else 中的内容并没有打印出来。所以，else 的存在对于在很多情况下简化循环起到了非常重要的作用。例如，希望能够直接跳出嵌套循环，通常我们需要一个标志位：

```
flag = False
while True:
    while True:
        # 想要跳出两层循环
        if sth:
            flag = True
            break
    if flag:
        break
```

我们利用 else 可以极大地简化上面的流程：

```
while True:
    while True:
        if sth:
            break
        else:
            # 这里做普通操作
            continue
    break
```

这里我们没有引入其他变量就实现了跳出嵌套循环的功能。如果 sth 为 True，两层循环就跳出了；如果 sth 为 False，则会执行 else 的内容。

```
sth = True
while True:
    while True:
        if sth:
            break
        else:
            print('Normally end inside')
            continue
        break
    else:
        print('Normally end outside')
    print('Broke out')
    # Broke out
```

在异常处理中，else 也很有用。我们可以利用 else 来增加一个无异常的分支。增加 else 的完整异常处理流程如图 1-1 所示。

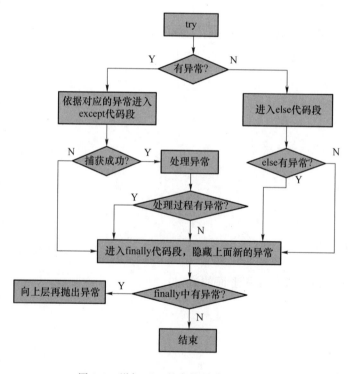

图 1-1　增加 else 的完整异常处理流程

扫二维码来看一个完整的流程。

大家可以通过输出情况看到整个流程的走向。

何时需要捕获异常？所有需要外部的任何东西参与的地方（外部输入、外部调用、外部硬件等）全部需要增加异常处理；所有内部的代码均不需要增加异常处理（自己的代码有问题叫 bug）。

完整的异常处理示例

## 1.3 Python 数据结构

### 1.3.1 列表

Python 中的序列是应用最广泛的一类数据类型。它由中括号包裹,可以存储任意数量、任意类型的数据,元素之间以逗号分隔:

```
a = [1, 2, 'a', 'd', True]
```

或者通过 list() 初始化:

```
a = list(range(10))
#[0, 1, 2, 3, 4, 5, 6, 7, 8, 9]
```

元素通过下标进行访问:

```
print(a[0]) # 1
```

有趣的是,可以通过负数下标来从后向前访问,负数下标从 -1 开始:

```
print(a[-1]) # True
print(a[-3]) #'a'
```

访问越界会返回一个 IndexError:

```
print(a[100])
# IndexError: list index out of range
```

遍历一个列表采用 for…in… 语句:

```
for i in a:
    print(i, end = '')
# 0123456789
```

**1. 切片**

可以通过切片的方式同时访问多个元素,切片的形式是 list[start:end:step],可以获得从 start 到 end 步长为 step(不包括 end 元素)的结果:

```
a = list(range(10))
#[0, 1, 2, 3, 4, 5, 6, 7, 8, 9]
print(a[1:10:2])
#[1, 3, 5, 7, 9]
```

step 是可选的,start 和 end 必须存在,但是两者均有默认值(一个开头一个结尾):

```
# 不加 step
print(a[0:3]) #[0, 1, 2]
# 不给 start,默认从起始位置开始
print(a[:3]) #[0, 1, 2]
# 不给 end,默认到结尾终止
print(a[8:]) #[8, 9]
# 都不给,和原序列一样
print(a[:])
#[0, 1, 2, 3, 4, 5, 6, 7, 8, 9]
```

这里看一个问题,由于列表对象是可变对象:

```
b = a
print(b)
#[0, 1, 2, 3, 4, 5, 6, 7, 8, 9]
a[0] = 10
print(b)
#[10, 1, 2, 3, 4, 5, 6, 7, 8, 9]
print(b is a) # True
```

这是 Python 引用的结果。所以,当用户希望拷贝一个列表时,直接令 b＝a 会导致这个问题。切片提供了一个完美的列表拷贝解决方案:

```
b = a[:]
print(b)
#[10, 1, 2, 3, 4, 5, 6, 7, 8, 9]
a[0] = 100
print(b)
#[10, 1, 2, 3, 4, 5, 6, 7, 8, 9]
print(b is a) # False
```

通过切片操作,b 已经变成了另外一个对象,也就是实现了拷贝(注意切片是浅拷贝)。

当然,切片操作也支持负数:

```
a = list(range(10))
print(a[5:-1])
#[5, 6, 7, 8]
print(a[-1:-4:-1])
#[9, 8, 7]
# step 为负则倒着遍历
print(a[::-1])
#[9, 8, 7, 6, 5, 4, 3, 2, 1, 0]
```

可以看出,只提供一个 step＝－1 可以反序列表。但是这不是一个好的写法,尤其当列表巨大时,应当使用 reversed()函数,因为它会生成一个迭代器,当用户获取它的值时,它以反向

的顺序去读取列表,而不是真的把每个元素反序并生成另一个巨大的反序列表:

```
b = reversed(a)
print(b)
#< list_reverseiterator object at 0xb704dbac >
# 迭代器节省内存开销
```

灵活运用切片,能让你的程序更加"优雅"。

**2. 列表方法**

这里简单介绍一些常用的列表方法,简单起见,每个示例都以"a＝list(range(10))"开始,不再指明:

➢ append():列表尾部插入元素。

```
a.append(0)
print(a)
#[0,1,2,3,4,5,6,7,8,9,0]
```

➢ len():获取列表长度。

```
print(len(a)) # 10
```

它实现了容器协议中的获取长度协议__len__。

➢ count():统计某个元素的个数。

```
print(a.count(0)) # 1
```

➢ pop():返回并移除某个元素。

```
print(a.pop(1)) # 1
print(a)
#[0,2,3,4,5,6,7,8,9]
#1 没了
```

➢ reverse():列表反序。

```
a.reverse()
print(a)
#[9,8,7,6,5,4,3,2,1,0]
```

➢ index():获取元素下标。

```
print(a.index(3)) # 3
a.append(3)
print(a)
#[0,1,2,3,4,5,6,7,8,9,3]
print(a.index(3)) # 3
```

可以看出,index()只获取找到的第一个元素的下标。

## 1.3.2 元组

元组是一类以小括号包裹的重要数据结构。同列表一样,它也由下标访问,也支持切片操作:

```
a = (1, 2, 3, 4)
print(a[0]) # 1
print(a[:3]) # (1, 2, 3)
a = tuple(range(10))
# (0, 1, 2, 3, 4, 5, 6, 7, 8, 9)
```

它是不可变对象,一旦创建就不可被修改:

```
a[0] = 10
# TypeError: 'tuple' object does not support item assignment
```

需要注意的是,如果想要创建一个只有一个元素的元组,应当这样写:

```
a = (1,)
print(a) # (1,)
```

如果不加逗号,则变成了一个运算表达式,结果是数字1:

```
a = (1)
print(a) # 1
```

由于元组的不可变特性,它支持的操作相比列表少了很多。所有修改类操作元组均不支持,而其他操作则同列表一致:

```
a = tuple(range(10))
print(a.index(3)) # 3
print(a.count(1)) # 1
```

## 1.3.3 选列表还是选元组?

列表通常存储同质的大量数据,而元组适合存储异构的数据(在前文提到过,有点像C语言中的struct),此外,元组相比于列表还有如下几个特点:
- 不可变性,适合存储不希望被修改的数据;
- 通常可哈希[①],因而可以作为字典的键值;
- 遍历速率更快,存储空间更小。

---

① 元组是否可哈希取决于每一个元素是否可哈希。

## 1.3.4 排序

本小节为大家简单地总结一下如何在 Python 中针对不同情况完成排序操作。

**1. 排序列表**

Python 列表自带排序函数,可以对列表自身进行排序:

```
a = [3, 2, 1, 4, 0]
a.sort()
print(a)
[0, 1, 2, 3, 4]

b = ['d', 'cc', 'ee', 'aa']
b.sort()
print(b)
['aa', 'cc', 'd', 'ee']
```

sort()是列表的方法,所以需要以 a.sort()的方式运行,它会将 a 就地修改,排序后 a 就不存在了。此外,sort()默认为升序,可以通过 reverse=True 参数改为降序:

```
a.sort(reverse = True)
print(a)
[4, 3, 2, 1, 0]
```

一个列表中的元素能够排序的关键在于我们能够以一定的方式比较两个元素的大小,这种方式可以是一种原生的规则(例如数字大小、字母表顺序等),也可以是自定义的一种规则。我们可以将字符串对象进行排序,是因为:

```
print('aa' < 'cc')
True
```

我们知道,比较运算符是由对象的__eq__等一组特殊方法定义的,具体而言,"小于"是由特殊方法__lt__决定的:

```
class A:
    def __lt__(self, other):
        return False
a1 = A()
a2 = A()
print(a1 < a2)
False
print(a2 < a1)
False
```

sort()正是利用了列表中元素的这些特殊方法获得了它们之间的大小关系,从而进行排序。

考虑这样一个问题,假设我们有一个学生对象的列表,每个学生有3门成绩,对象的__lt__按照总成绩大小进行比较。

这时,如果我们想分别按照各科成绩进行排序该怎么办呢?显然,修改__lt__是不合适的。幸运的是,sort()允许我们通过一个参数key来指定需要比较的目标。key接收一个函数,函数只有一个参数。sort()会将每个元素先输入函数中,再将得到的结果进行比较:

学生类示例程序

```python
# 按数学成绩进行排序
stu.sort(key = lambda x: x.math)  # key 为单参数函数
print(stu)
# [Tom, Jon, Mary]

# 按Python成绩进行排序
stu.sort(key = lambda x: x.python)
print(stu)
# [Mary, Jon, Tom]
```

另一种比较常见的情况是,列表存储的是一个元组,我们希望以第二或第三个元素的值来进行排序,此时key便派上了用场:

```python
a = [
    ('d', 3, 4),
    ('b', 2, 1),
    ('c', 1, 5),
    ('a', 5),
]
# 直接使用sort(),按照元素顺序进行比较
a.sort()
print(a)
# [('a', 5), ('b', 2, 1), ('c', 1, 5), ('d', 3, 4)]

# 按照第二列进行排序
a.sort(key = lambda x: x[1])
print(a)
# [('c', 1, 5), ('b', 2, 1), ('d', 3, 4), ('a', 5)]
```

这里,如果对lambda表达式不够"感冒"的话,可以采用标准库operator中的一些函数来替换。operator对Python中各类运算均提供了函数式的表达。例如,访问元组的第二个元素:

```python
t = ('d', 3, 4)
print(t[1])
3

from operator import itemgetter
```

```
print(itemgetter(1)(t))
3
```

itemgetter(1)获得了一个能够获取可迭代对象第二个元素的函数,将它作用在 t 上,就得到了 3。同样地,我们也可以利用 attrgetter 从对象中获得属性。这样,我们可以利用这些函数来完成排序功能:

```
from operator import attrgetter, itemgetter
stu.sort(key = attrgetter('math'))
print(stu)
#[Tom, Jon, Mary]

a.sort(key = itemgetter(1))
print(a)
#[('c', 1, 5), ('b', 2, 1), ('d', 3, 4), ('a', 5)]
```

需要说明的是,operator 标准库经过了优化,因此它的速度要快于 lambda 表达式。

Python 的独特之处在于,它并不直接接受类似于 cmp() 的比较函数,而是通过参数 key 来指明,究竟用对象的什么属性来进行比较,具体的比较方式则由该属性对象自己定义。这也体现了 Python 面向对象的特性与一致性。

**2. sorted( )**

如果希望获得一个排序后的副本,可以采用 sorted() 内建函数,它同 sort() 的作用类似,只不过可以接受任意可迭代对象,并返回一个排序后的列表:

```
from operator import itemgetter
a = [
    ('d', 3, 4),
    ('b', 2, 1),
    ('c', 1, 5),
    ('a', 5),
]

sa = sorted(a, key = itemgetter(1))
print(a)
#[('d', 3, 4), ('b', 2, 1), ('c', 1, 5), ('a', 5)]

print(sa)
#[('c', 1, 5), ('b', 2, 1), ('d', 3, 4), ('a', 5)]
```

由于 sorted() 接受可迭代对象,因此我们可以利用它排序一个字典:

```
dic = {
    'd': 3,
    'c': 1,
    'a': 5,
```

```
    'b': 2,
}
print(dic)
{'d': 3, 'c': 1, 'a': 5, 'b': 2}

sk = sorted(dic)
print(sk)
#['a','b','c','d']
```

可以看出，默认按照 key 进行了排序，并将 key 返回，所以我们可以重构排序后的字典：

```
sdic = {key: dic[key] for key in sorted(dic)}
print(sdic)
{'a': 5, 'b': 2, 'c': 1, 'd': 3}
```

实际上我们还可以借助于 operator 来实现：

```
from operator import itemgetter
print({key: value for key, value in sorted(dic.items(), key = itemgetter(0))})
{'a': 5, 'b': 2, 'c': 1, 'd': 3}
```

如果要按照 value 进行排序呢？把 0 换成 1 即可：

```
sdic = {key: value for key, value in sorted(dic.items(), key = itemgetter(1))}
print(sdic)
{'c': 1, 'b': 2, 'd': 3, 'a': 5}
```

最后，我们看一个例子。假设有两个列表，相同位置的元素是相互对应的，现在希望将列表 1 进行排序，同时，列表 2 元素的对应顺序按照列表 1 排序后的结果自动调整：

```
a = [3, 2, 1, 4, 7]
b = ['d', 'c', 'b', 'a', 'e']

sb = [b[ind] for ind, _ in sorted(enumerate(a), key = itemgetter(1))]
print(sorted(a))
print(sb)
[1, 2, 3, 4, 7]
['b', 'c', 'd', 'a', 'e']
```

## 1.3.5 集合 Sets

顾名思义，集合指一类没有重复元素的数据，利用大括号或 set(Iterable) 创建：

```
s1 = {'a', 'b', 'c', 1}
print(s1)
```

```
#{'b','a','c',1}

s2 = set(['d','e',1,1]) # 重复元素只会保留一个
print(s2)
#{'d',1,'e'}
```

注意这里要和字典项区分开。

集合允许增加或删除元素：

```
s1.add('d')
s1.remove('a')
print(s1)
#{1,'c','d','b'}
```

集合相比于列表除了不存在重复元素之外，访问速度也提高了。通常来讲，同样大小的集合相比于列表，访问速度能够提高 3 倍。因而，在某些场合下，采用集合能够提高运行效率。

集合另一个有趣的特性是实现了数学上集合的关系操作，例如交、并、补等。

集合操作示例程序

## 1.3.6 映射类型——字典

字典是 Python 中另一类重要的数据结构。它由大括号包裹，以 key:value 形式存储数据。key 必须是可哈希的数据类型，而 value 则可以是任何类型的数据。字典初始化可以由大括号或是 dict 完成：

```
a = {'a': 1}
b = dict(c = 2, d = a)
print(b)
#{'c': 2,'d': {'a': 1}}
```

想要通过 key 访问 value，需要通过中括号完成：

```
print(a['a']) # 1
```

尝试访问一个不存在的 key 会导致 KeyError：

```
print(a['b'])
# KeyError:'b'
```

为字典添加新的值也是这样操作：

```
a['b'] = 2
print(a)
#{'b': 2,'a': 1}
```

字典有其特有的一些方法,具体如下。
➢ 利用 get() 获取 value,可以不产生 KeyError：

```
print(a.get('a'))
# 1
print(a.get('c', None))
# None
```

所以当用户不希望键不存在就报错时,可以利用 get() 方法,并在第二个参数给出键不存在时需要返回的值是一个好的选择。

➢ setdefault(key, default=None),它和 get() 类似,但是如果键不存在的话,会插入该键,并以第二个参数为值：

```
print(a.setdefault('c', None))
# None
print(a)
# {'b': 2, 'c': None, 'a': 1}
```

结果 c 被添加进了字典。

➢ 获取所有的 key、所有的 value、所有的 key：value 对：

```
for key in a.keys():
    print(key)
# 'b'
# 'c'
# 'a'
for value in a.values():
    print(value)
# 2
# None
# 1
for key, value in a.items():
    print(key, end = '')
    print(':', end = '')
    print(value)
# b：2
# c：None
# a：1
```

### 1. 什么是可哈希数据类型?

支持哈希的对象表示该对象实现了哈希协议 __hash__：

```
class A:
    def __hash__(self):
        return 1
```

```
# 哈希协议要求返回一个整数
a = A()
hash(a) # 1
```

这个自定义类型的实例可以被用作字典的 key 值:

```
b = {a: 1}
print(b)
# {<__main__.A object at 0xb7034bec>: 1}
```

这里需要注意的是,print()函数打印出来的只是实例 a 转换为字符串的结果,而真正的 key 是 a 本身:

```
print(b[a]) # 1
print(str(a))
# <__main__.A object at 0xb7034bec>
```

实际上,自定义类默认都是可哈希的:

```
class A:
    pass

a = A()
print(hash(a)) # -881838924
b = {a: 1}
print(b)
# {<__main__.A object at 0xb7034b4c>: 1}
```

**2. 字典的键要求可哈希的原因**

字典通过哈希来加快索引速度。它的内部存储方式简单说来是一个哈希值对应一个键值对列表,列表中每个元素都是(key, value)元组,表示同一个哈希值下不同的 key(这是可能存在的,见下例)。这样,当用户用一个 key 来寻找一个 value 时,字典内部的作用机理如下:

> 获得 key 的哈希值,并获得该哈希值所对应的键值对列表;
> 遍历该列表,返回 key 匹配到的 value。

为了验证这一点,我们改写一下 A:

```
class A:
    def __hash__(self):
        return 1

    def __eq__(self, other):
        return False
```

其中__eq__是相等比较协议,是运算符"=="背后的协议。它返回 self 和 other 比较后的结

果,这里强行置 False:

```
a1 = A()
a2 = A()
print(hash(a1) == hash(a2))
# True
print(a1 == a2) # False
print(a1 == a1) # False
```

现在分别用 a1、a2 作 key 值:

```
b = {
    a1: 1,
    a2: 2,
}
print(b)
# {<__main__.A object at 0x000002DDCB505DD8 >: 3,
# <__main__.A object at 0x000002DDCB505D30 >: 2}
```

从结果可以看出,相同哈希值的 a1 和 a2 依旧可以作为不同的 key。

可以发现步骤 1 的时间复杂度是 $O(1)$,而步骤 2 的时间复杂度是 $O(n)$。所以,相同哈希值的 key 是否只有一个对查询性能有很大的影响。

因此,自定义类型想要高效地作为 key,需要保证如下一点:对任意的两个对象,如果它们的哈希值一样,那么它们就是同一个对象;反之,如果它们的哈希值不一样,那么它们一定是不同的对象。要实现这一点,我们就要再改写一下 A 的定义:

```
class A:
    def __hash__(self):
        return id(self)

    def __eq__(self, other):
        if (self.__hash__() ==
            other.__hash__()
        ):
            return True
        else:
            return False
```

这样便能够以最快的速度索引到 value 值。

### 3. 列表不能哈希的原因

列表不能作为字典的 key 的原因是列表不能哈希:

```
a = [1, 2, 3]
hash(a)
# TypeError: unhashable type: 'list'
```

为什么列表不能哈希？这是因为列表元素可变，哈希一个列表并将其作为字典的 key 会导致一些不可预测的问题出现。

① 如果哈希值为 id 值，像 A 一样，那么对于含相同元素的不同的两个列表，它们的 id 是不一样的，例如：

```
# 假设列表可哈希
a = [1, 2, 3]
b = [1, 2, 3]
print(hash(a) == hash(b))
# False
c = {
    a: 1,
    b: 2,
}
c[[1, 2, 3]] # ???
```

如果你记得前一节的内容，那你一定会有这样的疑问：

```
a = (1, 2, 3)
b = (1, 2, 3)
print(id(a) == id(b))
# False
c = {
    a: 1,
    b: 2,
}
print(c)
# {(1, 2, 3): 2}
print(c[(1, 2, 3)])
# 2
print(c[a])
# 2
```

具有相同元素的元组的 id 也不一样，为什么它能作为唯一的 key？因为元组的哈希是通过其中的元素求得的，而非 id 值：

```
a = (1, 2, 3)
print(hash(a) == id(a))
# False
```

当元组中存在不可哈希对象时，元组本身也变得不可哈希！

```
a = (1, 2, [1, 2])
print(hash(a))
# TypeError: unhashable type: 'list'
```

② 如果列表像元组一样,通过元素来获得哈希值可以吗?看下面的伪代码:

```
# 假设列表可哈希
a = [1, 2, 3]
c = {
    a: 1,
}
a.append(4)
```

怎样获取 c 中的元素?无法获取!

```
c[a]  # key 一致但哈希不一致
c[[1, 2, 3]]  # 哈希一致但 key 不一致
```

## 1.3.7 扩展的字典

本小节为大家介绍一些 Python 字典的扩展用法。

### 1. ChainMap

ChainMap 是位于标准库 collections 中的一种特别的数据结构,它用于将多个映射关系链接为一个单一的视图,从而简化程序的逻辑。所谓"链接",类似于 dict 自身的 update 操作,将多个字典"合并"为一个,但仅为逻辑层面的合并;而所谓"视图",则意味着 ChainMap 仅仅是一层代理。对使用者而言,ChainMap 的结果如同生成了一个全新的、包含所有映射的字典:

```
from collections import ChainMap

a = {
    'key1': 'value1',
    'key2': 'value2',
}
b = {
    'key3': 'value3',
    'key1': 'value10',
}
c = {
    'key4': 'value4',
    'key5': 'value5',
}

cm = ChainMap(a, b, c)

print(cm)
```

```
ChainMap({'key1': 'value1', 'key2': 'value2'}, {'key3': 'value3', 'key1': 'value10'}, {'key4': 'value4', 'key5': 'value5'})

print(cm['key1'], cm['key3'], cm['key5'])
value1 value3 value5
```

可以看出,我们能够通过 cm 对象访问任意一个字典中的键值,并且靠前的映射会覆盖后面的同名键值(如例子中的 key1)。从上面的行为来看,ChainMap 很像字典本身的 update() 方法:

```
um = {}
um.update(a)
um.update(b)
um.update(c)
```

当然,如果读者对 Python 足够了解的话,上面的 3 个 update() 可以合成一句:

```
um.update({**a, **b, **c})

print(um)
{'key1': 'value10', 'key2': 'value2', 'key3': 'value3', 'key4': 'value4', 'key5': 'value5'}

print(um['key1'], um['key3'], um['key5'])
value10 value3 value5
```

ChainMap 同 update() 相比:
- 速度更快;
- 不会影响原始字典项;
- 优先级可控。

```
b['key6'] = 'value6'
c['key5'] = 10
cm['key2'] = 2

print(cm['key5'], cm['key6'], a)
10 value6 {'key1': 'value1', 'key2': 2}
```

可以看出,对原始字典的修改能够反映到 ChainMap 中,对 ChainMap 的修改也能反映到原始字典中,这说明 ChainMap 仅仅作为代理出现。显然,update() 方法将键值对直接复制到了当前字典中,结果同原始字典已毫无关联。

前面提到了,ChainMap 先传入的字典项具有最高的优先级,实际上,这一优先级是可以动态调整的。ChainMap 提供了一个属性 maps,用于获取当前所有映射组成的列表,修改这一列表即可调整 ChainMap 的优先级:

```
print(cm.maps)
[{'key1':'value1','key2': 2}, {'key3':'value3','key1':'value10','key6':'value6'}, {'key4':
'value4','key5': 10}]

import random
random.shuffle(cm.maps)
print(cm.maps)
[{'key3':'value3','key1':'value10','key6':'value6'}, {'key1':'value1','key2': 2}, {'key4':
'value4','key5': 10}]

print(cm['key1'])
value10
```

ChainMap 还提供了一个方法 new_child()（用来在最前面添加新的映射）和一个属性 parents（用来跳过第一个映射）：

```
cmc = cm.new_child({})
print(cmc)
ChainMap({}, {'key4':'value4','key5': 10}, {'key3':'value3','key1':'value10','key6':'value6'},
{'key1':'value1','key2': 2})

print(cm.parents)
ChainMap({'key3':'value3','key1':'value10','key6':'value6'}, {'key1':'value1','key2': 2})
```

ChainMap 有什么实际的应用？其最典型的应用在于在多个命名空间中按照一定的优先级进行搜索，例如，我们有多个对象，需要去找到某个属性的值。

一个更现实的例子是程序配置选项。通常我们可以在一个配置文件中定义一些默认配置项，也可以在环境变量中定义一些变量，还可以在运行程序时通过命令行参数传入，同时，可以按命令行→环境变量→配置文件的优先级层层覆盖。此时，管理这些配置项的最佳方式为 ChainMap。

ChainMap 应用示例程序

定义一个配置文件 config.json：

```
{
    "level": "info",
}
```

主文件 main.py：

```
import argparse
import os
import json
from collections import ChainMap

parser = argparse.ArgumentParser()
```

```
parser.add_argument('--level')
args = parser.parse_args(['--level', 'debug'])
# 等效于$ python main.py --level debug
args = {
    key: value for key, value in vars(args).items() if value
}
with open('config.json', 'r') as f:
    conf = json.loads(f)

config = ChainMap(vars(args), os.environ, conf)

print(config['level'])
# debug

args = parser.parse_args()
# 等效于$ python main.py
args = {
    key: value for key, value in vars(args).items() if value
}
print(config['level'])
# info
```

### 2. 递归键值访问

在 Python 中字典通过键访问值的运算符为[]，其背后的支撑为__getitem__元素访问协议。如果字典项嵌套了字典项,该怎么把它转为链式属性访问(JavaScript 风格)呢？也就是,将 dic['one']['two']['three']变为 dic.one.two.three。

要实现这样的链式访问,我们首先需要定义一个类,将字典项的键值对存储为对象的属性：

```
class Dict:
    def add(self, **kwargs):
        self.__dict__.update(kwargs)

    def __repr__(self):
        return str(self.__dict__)
```

这里我们以 add()方法而不是__init__方法来添加键值对,是因为我们需要动态地调整对象的属性,而__repr__则允许以常规字典项的方式显示对象。

下一步我们需要将一个嵌套字典映射到对象中去,嵌套的解决方案自然是递归,一旦值是新的字典项,那么就创建一个新的对象,直到遍历结束：

```
from collections.abc import MutableMapping

def conv_dic(target, dic):
```

```
            for key, value in target.items():
                if isinstance(value, MutableMapping):
                    dic.__dict__[key] = conv_dic(value, Dict())
                else:
                    dic.add(**{key: value})
            return dic
```

我们通过定义一个嵌套字典来测试一下：

```
target = {
    'one': {
        'two': {
            'three': {
                'four': 4,
                'five': 5,
            },
            'six': 6,
        },
        'seven': 7,
    },
    'ten': 10
}

dico = conv_dic(target, Dict())
print(dico)
{'one': {'two': {'three': {'four': 4, 'five': 5}, 'six': 6}, 'seven': 7}, 'ten': 10}

print(dico.one.two.three.four)
4

print(dico.one.two.six)
6
```

可以看出，对象 dico 保留了所有的键值对内容，并且可以进行链式属性访问。

## 1.4 数组或列表？

### 1.4.1 Python 数组

在 C 语言中，我们最熟悉的一种数据结构就是数组：

```c
#include<stdio.h>

int main() {
    int a[10] = {1, 2, 3, 4, 5, 6, 7, 8, 9, 10};
    for (int i = 0; i < 10; i++) {
        printf("%d", a[i]);
    }

    return 0;
}
// 1 2 3 4 5 6 7 8 9 10
```

我们可以在数组中存储相同类型的数据。C语言中数组的特点是内存连续,也就是说只需要知道数组的起始内存位置,按照索引顺序地去访问数组中的元素就能够找到目标值。而当我们进入 Python 的世界时,最常见的数据结构就是列表。众所周知,列表不同于 C 语言中的数组,列表可以动态地存储任意类型的数据。此外,列表中的元素可能遍布在内存中的任意位置,而列表中存储的仅仅是对于目标内存地址的引用。这也就意味着,每当我们需要访问某个元素时,解释器并不能够直接按照列表的索引去访问,而需要计算出一个内存地址再进行访问。此外,列表的空间效率也十分低下,因为它需要保证任何数据类型都能够被放进来,当然这也大大地降低了使用的复杂度:

```python
a = ['a', 2, (3, 'b'), {5 - 2j}]
for i in a:
    print(id(i))

# 140696999091928
# 9417408
# 140697017111176
# 140696998727016
```

事实上,Python 中也存在类似于 C 语言中数组的数据结构,只不过,它是以标准库的形式出现的,即 array。array 数组的特点是它在定义时必须指明需要存储的数据类型,之后该数组内存储的数据只能是该类型的数据。此外,array 的最大优势在于它是内存连续的,空间紧致,并且在使用时,它与普通的列表几乎没有差别。

```python
import array

a = array.array('b', [-1, 1, 2, 3])
# 'b'表示signed char,即有符号单字节整数,范围为 -128~127
print(a)
# array('b', [-1, 1, 2, 3])
```

array 可以直接做列表的各类操作:

```
print(a[0])
-1

a.append(4)
a.extend([5, 6])

for e in a:
    print(e, end='')

-1 1 2 3 4 5 6
```

当为它分配错误的数据类型时会抛出异常：

```
a.append(-129)
# OverflowError: signed char is less than minimum

a.append('c')
# TypeError: an integer is required (got type str)
```

在创建 array 时，第一个参数表明数据的类型，具体的类型表格参见 https://docs.python.org/3/library/array.html。第二个参数是实际的数据，可以是任意可迭代的对象，或是字节对象。除此之外，array 还支持一些其他的创建方式。

## 1.4.2 创建 array

array 支持在字节流、列表，甚至 unicode 字符串、文件中创建。我们以文件读写 array 为例，记录一下消耗的时间与占用的存储空间大小。我们首先构建一个 array 存储 float 型数据，每个数据占 4 字节〔需要注意的是，根据系统的不同（实际上是根据 C 编译器的不同），数据占据的字节数会有所不同〕：

```
import array
import random
import time

N = 100000  # 10万个
lst = [random.random() for _ in range(N)]
arr = array.array('f', lst)

arrfile = 'arr.bin'

start = time.time()
with open(arrfile, 'wb') as f:
    arrfile.tofile(f)
```

```
end = time.time()

print('Time consumed for saving array to binary file: {}'.format(end - start))
# Time consumed for saving array to binary file: 0.0004177093505859375
```

我们可以查看一下生成的文件大小：

```
ll arr.bin |cut -d " " -f5

400000
```

可以看出，10 万个 4 字节的数正好占据了 40 万字节。

array 也可以直接从文件中读取数据，只不过我们必须指定读取的个数：

```
import array
arr = array.array('f')
N = 100000
with open('arr.bin', 'rb') as f:
    arr.fromfile(f, N)
print(arr.buffer_info()[1] * arr.itemsize)
# 400000
```

存储有浮点数的列表也能实现写入文件的功能，只不过需要借助一下字节类型：

```
import random
import struct
import time

N = 100000  # 10 万个
lst = [random.random() for _ in range(N)]
lstfile = 'lst.bin'

start = time.time()
with open(lstfile, 'wb') as f:
    lstbytes = struct.pack('{}f'.format(N), lst)
    f.write(lstbytes)
end = time.time()
print('Time consumed for saving list to binary file: {}'.format(end - start))
# Time consumed for saving array to binary file: 0.003563404083251953
```

同样地，我们看一下 lst.bin 文件的大小：

```
ll lst.bin |cut -d " " -f5

400000
```

可以看出同样是 40 万字节。不过时间上的区别也显示出来了，array 的速度比列表的速度要快大约 8 倍。

### 1.4.3 更底层

array 实现了缓冲区协议，这就意味着我们可以利用 memoryview 直接操作 array 背后的内存：

```
import array

N = 100000  # 10 万个
lst = [random.random() for _ in range(N)]
arr = array.array('f', lst)
marr = memoryview(arr)

print(marr[0])
```

memoryview 将在后续进行详细的介绍，它允许我们在操作某段数据时不必复制一份，这对于大规模数据处理来说非常高效。我们拿出之前的例子再来看一下 memoryview 的作用。

memoryview 示例程序

可以看出，列表切片是非常慢的，array 切片已经足够快了，而 memoryview 则更快。原因在于，列表元素处于内存的分散位置，因而取出一段数据需要分别取每一个数据，并需进行耗时的复制操作；array 因为内存连续，取一段数据只需知道一个起始位置，将其后连续内存中的数据取出即可，同样会进行复制操作；而 memoryview 仅仅会读取内存，并不进行复制操作，因而速度居首。

### 1.4.4 array 更快吗？

array 相比 list 具有更高效的存储效率，切片时速度也更快，那么创建时和索引时的速度如何呢？

```
import array

@profile
def main():
    N = 100000  # 10 万个
    lst = [0.5 for _ in range(N)]
    arr = array.array('f', [0.5 for _ in range(N)])

    for e in range(N):
        lst[e]

    for e in range(N):
```

```
        arr[e]
main()
```

我们利用 line_profiler 工具来分析一下上述程序的性能：

```
Total time: 0.77984 s
File: ary2.py
Function: main at line 3

Line #    Hits       Time    Per Hit   % Time  Line Contents
==============================================================
    3                                           @profile
    4                                           def main():
    5         1          4.0      4.0      0.0      N = 100000 # 10万个
    6         1      34552.0  34552.0      4.4      lst = [0.5 for _ in range(N)]
    7         1      37946.0  37946.0      4.9      arr = array.array('f', [0.5 for _ in range(N)])
    8
    9    100001     173561.0      1.7     22.3      for e in range(N):
   10    100000     178660.0      1.8     22.9          lst[e]
   11
   12    100001     174245.0      1.7     22.3      for e in range(N):
   13    100000     180872.0      1.8     23.2          arr[e]
```

可以看出，创建时 array 消耗了更多的时间，并且在索引时也并不比 list 快。所以 array 更加强调的是空间效率而非时间效率。结论是，array 更擅长存储同类型数据。若需要频繁迭代，应当使用 list；而若需要进行矢量计算，则应该使用 numpy 等高级数学库。

## 1.5 字 符 串

本节仅仅介绍 Python 中字符串的一些基础性操作，后续会分享 Python 中的字符串、字节、编码、正则表达式等更高级的内容。

### 1.5.1 字符串基础

我们知道，在 Python 中，字符串是由单引号或双引号引起来的字符的集合。Python 还支持用 3 个单引号来引用长字符串：

```
a = 'hello'
b = "world"
c = '''
This
is
```

```
a
long
string
'''
```

如果需要在字符串中使用单、双引号,一种方式是字符串中的引号采用不同于声明字符串的引号(声明时采用单引号,则内部采用双引号)防止冲突,另一种方式是采用转义字符:

```
a = 'he"ll"o'
b = "wor'ld"
c = 'hel\'lo'
d = "wor\"ld"
print(a, b, c, d)
# he"ll"o wor'ld hel'lo wor"ld
```

和大多数语言一样,Python 使用反斜线\来转义字符,例如\n 代表换行,\t 代表横向制表符,\\代表一个反斜线本身,等等。

```
a = 'hell\no'
print(a)
# hell
# o
b = 'hel\\lo'
print(b)
# hel\lo
```

此外,"\"还可以作为续行符使用:

```
a = 'hel\
lo'
print(a)
# hello
```

在 Python 中没有字符的概念,即使只有一个字符,它也是一个字符串。

字符串可以像其他容器类型那样通过下标来索引,也支持切片、len、in 等操作,但需要注意的是,字符串是不可变对象:

```
a = 'hello'
print(a[0])
# h
print(a[:3])
# hel
print(len(a))
# 5
print('he' in a)
```

```
# True
a[4] = 'l'
# TypeError: 'str' object does not support item assignment
```

## 1.5.2　字符串操作

字符串可以直接利用 for…in…遍历:

```
a = 'hello'
for s in a:
    print(s)

# h
# e
# l
# l
# o
```

字符串的拼接可以直接利用+:

```
a = 'hello'
b = 'world'
print(a + b)
# helloworld
```

另一种连接的方式是利用 join 方法,它需要一个字符串列表作为参数,将每个元素由调用字符串连接起来:

```
a = ['a', 'b', 'c']
b = ':'.join(a)
print(b)
# a:b:c
```

当然,如果对空字符串调用 join 则效果同+一致:

```
b = ''.join(a)
print(b)
# abc
print('a'+'b'+'c')
# abc
```

注意:我们在进行字符串操作时,尽量采用 join 的形式。因为 join 在效率上要远高于+。+操作每一次都会分配一个新的空间来存储两个字符串,而 join 一次性计算出需要的空间,只会做一次内存分配,所以需要连接的字符串数量越多,join 的性能优势越明显。

我们可以利用 split 方法来拆分一个字符串，使其成为一个字符串列表。split 方法是 join 的逆方法，唯一的不同点是 split 不接受用一个空字符串来分割：

```
b = 'a;b;c'
a = b.split(';')
print(a)
#['a','b','c']

b = 'abc'
a = b.split('')
# ValueError: empty separator
```

如果想要通过空字符串来分割一个字符串，可以有如下几种方式：

```
# 利用 list
b = 'abc'
a = list(b)
print(a)
#['a','b','c']


# 利用推导式
a = [s for s in b]
print(a)
#['a','b','c']
```

更多的字符串操作方法请查阅官方文档，地址：https://docs.python.org/3/library/stdtypes.html#string-methods。

## 1.5.3 原始字符串

试想一下，当我们需要写一些字符串来说明一些转义字符的意思时，我们需要以原始模样来呈现一个转义字符。例如，我们写一个字符串来说明\n的意义：

```
a = '\n 是一个转义字符'
```

这里\n 会被转义为换行符。所以我们需要在\n 的前面加一个\来把\n 的反斜线转义为普通反斜线：

```
print(a) # 直接打印
#
# 是一个转义字符
a = '\\n 是一个转义字符'
print(a)
#\n 是一个转义字符
```

试想当一个字符串包含大量的反斜线需要转义时,上述方式会增加多少工作量?另外一个巨大的不可避免的问题来自正则表达式。接触过正则表达式的读者一定记得正则表达式中包含大量的反斜线来表明一些形式的字符。这些反斜线的出现极大地加大了反斜线转义的复杂度。例如,当我们想在正则表达式中匹配到反斜线时,我们需要这么写匹配模式:'\\\\'。因为我们想要匹配一个反斜线,而一个反斜线在 Python 字符串里是\\的形式,匹配两个\\的字符串自然是'\\\\':

```
import re
target = '我想匹配\\'
p = '\\\\'
m = re.search(p, target)
print(m.group(0))
# \
```

为了避免这些事的发生,Python 给出了原始字符串的解决方式。所谓原始字符串,顾名思义,这个字符串不论有多少转义字符都不进行转义,保留了其本来的面目。这些字符串以标志位 r 开始:

```
a = r'\t\n\n\\\\'
print(a)
#'\t\n\n\\\\'
```

原始字符串也是字符串,它的基本原理是产生一个新的转义字符串来表示原字符串本身:

```
print(type(a))
# <class 'str'>
print(a == '\\t\\n\\n\\\\\\\\')
# True
```

通过上面的例子我们可以发现,r'\t\n\n\\\\'实际上最后生成了所有反斜线都被转义的一个普通字符串。原始字符串让解释器把转义这件事搞定了,所以从用户角度讲更加清晰了许多,所谓所见即所得。我们再来看看它们的长度:

```
print(len(r'\n'))
print(len('\n'))
```

如果你理解上面的内容,你会知道上面两个输出是 2 和 1。因为 r'\n'被作为两个独立的字符\和 n 对待。

下面来看另一个问题[①]:

```
a = r'\'
```

思考一下这个程序的结果是什么?答案是报错。为什么会这样呢?

---

① 参考 https://stackoverflow.com/questions/9993390/python-literal-r-not-accepted。

这个问题的解释来自 Python 设计者对于 Python 的一个特殊设计,即 Python 的字符串不允许以奇数个反斜线为结尾。从原理上说,原始字符串 r'\'应当生成'\\'。这样一种机制的设计目的在于:

> 简化 Python 解释器的词法分析功能。解释器如何识别一个字符串?按照定义,从一个单引号或双引号起,直到另一个单引号或双引号截止。依照这个方式,我们发现对于 r'\'来说,解释器无法判断第二个单引号就是字符串结束的标志(因为它对于解释器来说被反斜线转义了)。所以为了简化词法分析,这种写法直接被禁止掉了,而不是专为此修改词法分析器。

> 简化 Python 语法高亮引擎。很多编辑器对于 Python 语法高亮都是利用正则表达式做的。同样的道理,正则表达式在遇到 r'\'这样形式的字符串(只存在于 Python 中)时就不能做正确匹配进而做正确的高亮。

### 1.5.4 标准库 string

在 Python 中,存在一个标准库 string,它提供了一些与字符串相关的常量以及关于字符串格式化的面向对象的解决方案。string 模块共包括 9 个常量。

① ascii_letters:包含所有大小写字母。
② ascii_lowercase:包含所有小写字母。
③ ascii_uppercase:包含所有大写字母。
④ digits:所有数字字符。
⑤ hexdigits:所有十六进制数字字符。
⑥ octdigits:所有八进制字符。
⑦ punctuation:所有标点符号。
⑧ printable:所有可打印字符(ascii_letters + digits + punctuation + whitespace)。
⑨ whitespace:所有空白格字符(例如换行符、制表符等)。

string 模块中的常量

### 1.5.5 随机密码生成器

我们可以利用随机模块 random 以及上面的字符串常量来制作一个随机密码生成器。如果希望高强度,那么我们应当使用 printable,把所有字符都包含进来,但是里面有一些讨厌的空白字符,通常是无法输入的,所以还要从中去除空白字符。还记得 set 集合的差集操作吗?

```
from random import choice
import string
pwd_num = 32
all_chs = list(set(string.printable) - set(string.whitespace))
print(''.join([choice(all_chs) for _ in range(pwd_num)]))
# S!Py@]#w>{0dwqPNb^? 98|pGO|xciS=Ef
```

## 1.5.6 字符串格式化

string 模块中的大部分字符串操作的函数都被作为了字符串类型的方法,因而可以直接在 str 对象的基础上调用。而 string 模块的另一部分功能是提供了字符串格式化的面向对象方案,这部分功能可以通过内建函数 format() 实现。本小节主要介绍 Python 中的字符串格式化的内容。

**1. 格式化**

所谓字符串格式化,即按照一定的规则将字符串中的某些部分替换并输出。例如,我们想将一个变量放进一个字符串中并打印出来,可以这样做:

```
a = [1, 2, 3]
# 字符串方法调用
print('This is a: {}'.format(a))
# This is a: [1, 2, 3]

# string.Formatter 对象
import string
fm = string.Formatter()
print(fm.format('This is a: {}', a))
# This is a: [1, 2, 3]
```

字符串中由大括号包裹的内容就是需要被替换的内容。如果存在多个大括号,则会按照参数列表顺序自动替换:

```
a = '?'
b = '!'
print('a: {}, b: {}'.format(a, b))
# a: ?, b: !
```

当然,可以在大括号中手动指明我们需要打印哪个参数。指明的方式分两种:位置和关键字(和函数参数调用的方式类似)。按位置指明,则 format 接收位置参数,大括号内用数字指明位置;按关键字指明,format 会接收关键字参数,大括号内用名称指明关键字。参数不足或方式错误,或者自动与手动替换混合均会报错:

```
a = '?'
b = '!'
c = '#'
print('b: {1}, a: {0}, ab: {0}{1}'.format(a, b))
# b: !, a: ?, ab: ?!
print('a: {a}, b: {b}'.format(a = a, b = b))
# a: ?, b: !
print('a: {}, b: {b}'.format(a, b = b))
```

```
# a: ?, b: !

# 错误示范
print('a: {0}, b: {1}'.format(a))
# IndexError: tuple index out of range
print('a: {a}, b: {b}'.format(a, b))
# KeyError: 'a'
print('a: {}, b: {1}'.format(a, b))
# ValueError: cannot switch from automatic field numbering to manual field specification
```

想要在字符串中保留大括号本身,需要用双大括号转义:

```
print('a: {a}, b: {b}, curly: {{}}'.format(a = a, b = b))
# a: ?, b: !, curly: {}
```

也可以通过直接引用替换对象的某些属性或索引来进行替换:

```
a = [1, 2, 3]
b = {
    'c': '#'
}
class C:
    def __init__(self):
        self.d = 'd'
c = C()
print("a[0]: {a[0]}, b['c']: {b[c]}, c.d: {c.d}".format(a = a, b = b, c = c))
# a[0]: 1, b['c']: #, c.d: d
```

我们甚至可以通过调用不同的转换方式来输出不同的内容(调用对象的__str__、__repr__或对对象调用 ascii() 函数):

```
class E:
    def __str__(self):
        return "Human readable string"
    def __repr__(self):
        return "Machine readable string 真\u9999"

e = E()
print('Convension -- str: {e!s},\n repr: {e!r},\n ascii: {e!a}'.format(e = e))
# Convension -- str: Human readable string,
# repr: Machine readable string 真香,
# ascii: Machine readable string \u771f\u9999
```

从上例中我们可以看出,ascii() 函数与 repr() 函数的功能类似,只是会将字符串中的非 ASCII 字符转义。上面给出的仅仅是简单的替换操作,下面来介绍一下格式化操作。字符串格式化是指将上面的替换文本按照一定的格式替换进字符串中。字符串格式化的一个通用的形式如下(以冒号开头)：

```
:[[fill]align][sign][#][0][width][grouping_option][.precision][type]
```

具体含义如下：
① fill：填充字符。
② align：对齐方式。
③ sign：数字的符号。
④ ♯：替代格式。
⑤ 0：数值类型宽度不足时是否补零。
⑥ width：最小的宽度，如果不指定，则按照替换内容的原始大小进行替换。
⑦ grouping_option：分组(按字节或按千位)。
⑧ .precision：指定小数的显示精度。
⑨ type：显示类型。

下面通过几个例子来深入了解一下字符串格式化：

```
# 填充字符,并指定对齐方式
endline = 'endline'
print('{endline:@^20}'.format(endline = endline))
# @@@@@@endline@@@@@@@
```

这里，冒号":"表示后面跟着的是格式化的形式定义，@是填充的字符(fill)，^是指居中的对齐方式(align)，数字20表示总宽度(width)，可以看出最后输出的字符一共有20个。

```
# 输出一个整数的二进制、八进制、十进制和十六进制表示形式
num = 23456
print('Binary: {0:b}, Octal: {0:o}, Decimal: {0:d}, Hex: {0:x}, Hex UPPER: {0:X}'.format(num))
# Binary: 101101110100000, Octal: 55640, Decimal: 23456, Hex: 5ba0, Hex UPPER: 5BA0
```

这里，冒号后面的b、o、d、x和X就是类型type的选项，分别表示数字的二进制、八进制、十进制、小写十六进制和大写十六进制。如果想要在数字前面显示进制信息，可以采用"♯"更换格式：

```
print('Binary: {0:#b}, Octal: {0:#o}, Decimal: {0:#d}, Hex: {0:#x}, Hex UPPER: {0:#X}'.format(num))
# Binary: 0b101101110100000, Octal: 0o55640, Decimal: 23456, Hex: 0x5ba0, Hex UPPER: 0X5BA0
```

还可以通过"_"或","来进行分组(grouping_option)。其中","用于对十进制的千位分隔，"_"用于对其他进制的每4个数字做分隔：

```
print('Binary: {0:#_b}, Octal: {0:#_o}, Decimal: {0:#_d}, Hex: {0:#_x}, Hex UPPER: {0:#_X}'.format(num))
```

```
# Binary: 0b101_1011_1010_0000, Octal: 0o5_5640, Decimal: 23,456, Hex: 0x5ba0, Hex UPPER: 0X5BA0

print('Thousands separator: {:,}'.format(1234567890))
# Thousands separator: 1,234,567,890
```

下面再来看一下十进制中整数、小数的一些格式化方式：

```
# 保留n位小数，以圆周率为例
import math

print('Pi: {:.4f}'.format(math.pi))
# Pi: 3.1416

# 百分数
print('Percentage: {:.2%}'.format(0.666666))
# Percentage: 66.67%

# 科学记数法
print('Scientific:{:+.3e}'.format(12345678))
# Scientific:+1.235e+07
```

这里，f、%和e均为类型选项，分别表示定点小数、百分数和科学记数。其中，科学记数中的字母e就是底数10，e+07就是指10的7次幂。

在类型选项中，还存在一个g，它对于不同的替换目标定义了不同的默认显示方式：

```
print('{:g}'.format(0.66666678))
# 0.666667
print('{:g}'.format(12345))
# 12345
print('{:g}'.format(12345678))
# 1.23457e+07
print('{:g}'.format(10e1000))
# inf
```

## 2. f-string

人们在 Python 3.6 中提出了一个新的字符串格式化方式：f-string（格式化字符串字面量，formatted string literals）。它同 format 的功能一致，只是采用了更简洁直观的语法实现。这类字符串前有标识符 f，替换部分也由大括号标出，但是替换对象直接由实际变量名指明，后面不再利用 format 接收参数：

```
# Python Version >= 3.6
num = 12345678
print('{:.3e}'.format(num))
# 1.235e+07
```

```
print(f'{num:.3e}')
# 1.235e+07
```

可以看出,f-string 可以极大地简化代码量。如果读者采用的是 Python 3.6 以上的版本,这里建议要采用最新的语法来书写字符串格式化表达式。

**3. 被遗忘的%**

如果你接触过 C/C++,那么你对%格式化方式会非常熟悉:

```c
#include<stdio.h>

int main(void)
{
    int a = 10;
    double b = 0.1234567;
    char c = 'd';
    int * d = &a;
    printf("a: %d, b: %.3f, c: %c, d: %p", a, b, c, d);
    return 0;
}
// a: 10, b: 0.123, c: d, d: 0x7ffc85dd3d44
```

Python 同样支持%形式的格式化,但是从 Python 2.6 版本引入 format 后,%格式化方式渐渐地淡出了人们的视野中。

```python
print('%(num).3e' % {'num': num})
# 1.235e+07
```

## 1.6 字符串匹配

本节为大家简单总结一下 Python 中字符串的匹配操作,重点介绍一些 Python 正则表达式的基础。任何一个程序都会或多或少地涉及字符串操作问题。本节针对字符串匹配这一问题简单叙述一下 Python 的解决方案。所谓匹配,即检查字符串中是否具有符合某一模式的内容。例如:检查一个字符串是否包含特殊字符@,或是否以 http 开头,或是否以 .py 结尾,等等;或是一些复杂的问题,如判断一个字符串是否为合法的 IP 地址、合法的手机号或合法的 E-mail 等。如何进行判断呢?

### 1.6.1 in

我们知道,字符串 str 是抽象基类 Sequence 的虚拟子类,因而 str 具有 __contains__ 特殊方法。所以,最直接地,我们可以通过 in 关键字判断某一模式是否在目标字符串中:

```
print('.py' in __file__)  # test.py
True

print('a' in 'bc')
False
```

不过，in 并不能指定匹配到的位置。如果想判断字符串是否由 http 开头，in 就失去了作用。这里我们需要使用 startswith 和 endswith 方法。

## 1.6.2 Xswith

startswith 和 endswith 分别用于判断某字符串是否在目标的开头或结尾出现：

```
url = '://http'
pattern = 'http'
print(pattern in url)
True

print(url.startswith(pattern))
False

print(url.endswith(pattern))
True
```

当然，我们可以利用切片来匹配：

```
print(url[:len(pattern)] == pattern)  # start
False

print(url[-len(pattern):] == pattern)  # end
True
```

但是很显然，这种写法看起来很冗长，不直观，并且会影响效率。

startswith 和 endswith 还可以通过接收元组来指定多个模式，需要注意的是，参数只能是元组类型：

```
print(url.endswith((pattern, 'https')))
True

print(url.endswith([pattern, 'https']))
TypeError: endswith first arg must be str or a tuple of str, not list
```

## 1.6.3 find

startswith 和 endswith 仅可用于存在性判断，而 find 则可以返回第一个匹配到的模式的起始位置,若匹配失败则返回-1：

```
print(url.find(pattern))
3
```

```
print(url.find('@'))
-1
```

我们还可以利用 rfind() 获取最后匹配到的位置：

```
a = 'abcdabcdabcd'
print(a.find('b'))
1
```

```
print(a.rfind('b'))
9
```

甚至灵活一点,我们还可以通过 count() 统计的方式来查看某个模式是否存在于字符串中：

```
print(a.count('abcd'))
3
```

```
print(a.count('e'))
0
```

## 1.6.4 通配符匹配

对于上面几种基础的方法,有一个比较严重的问题:只能进行精确匹配,要么完全一样,要么就不一样。在现实中的更多数情况下,我们希望找到满足某一模式的内容,例如找到一个字符串中的日期、时间、代码等。比较常用的模糊匹配的方法是通配符,即利用一个字符来表示一些模糊的含义,从而扩大匹配的范围。遗憾的是,Python 字符串的各个匹配方法并不支持通配符方式,不过,Python 还是提供了一个标准库 fnmatch,允许我们做一些简单的通配。

fnmatch 用于 UNIX 系统中文件名的通配,不过我们还是可以用它来做一般字符串的通配。它共包含 4 种通配符,分别为：

> * :匹配任意数量任意字符。
> ?:匹配任意单字符。
> [seq]:匹配 seq 内任意字符。
> [!seq]:匹配除了 seq 之外的任意字符。

需要注意的是,fnmatch 是全文匹配,并不能匹配某一个部分：

```
import fnmatch
a = 'abcd'
```

```
patterns = ['a*d','a??d','[a-d][a-d]??','[!0-9]*']

print([fnmatch.fnmatch(a, pattern) for pattern in patterns])
[True, True, True, True]

a = 'abcd1234'
print(fnmatch.fnmatch(a, patterns[0]))  # 不能部分匹配
False
```

## 1.6.5 正则表达式

当上面的方式都不能满足需求的时候,就应当考虑采用正则表达式来解决问题。正则表达式是由一串字符组成的模式,它可以用于在字符串中搜索复杂的目标。它很复杂,自然也很强大。这里,我们介绍一下 Python 正则表达式的一些基础内容。

Python 正则表达式由标准库 re 支持。我们首先需要根据需求构建出模式字符串,再到目标字符串中进行匹配、分割、替换等操作。例如,检查 URL 是否以 http://或 https://开头,子域名为 www,域名为任意字母或数字,长度不超过 10,顶级域名为 com 或 org 或 me,以顶级域名或单斜线结尾,匹配成功后将域名赋值给变量 domain。对于这样一个复杂的需求,可以构建如下正则表达式:

```
import re

pattern = r'^(http|https)://w{3}[.](?P<domain>[\w\d]{,10})[.](com|org|me)/?$'
```

我们先试验一下效果,再做解释。想要进行匹配操作,可以直接采用模块级函数,或者将模式字符串编译为 re 的模式对象。我们采用后者:

```
pattern = re.compile(pattern)

URLs = [
    'http://www.example.com/',
    'https://www.python.org',
    'http://python.org',
    'http://www.abcd1234.com',
    'https://wwww.abcdefghijklmn.com/',
    'http://www.*&$.com/',
    'https://www.houlu.me',
    'ftp://www.abcd.com'
]

for url in URLs:
    match = pattern.search(url)
```

```
        if match is None:
            print(url, 'Mismatch!')
        else:
            print(match.group(0), match.group('domain'))
```

如果匹配成功，则返回一个 Match 对象，我们可以获取 domain 属性的值。上例的结果为

```
http://www.example.com/ example
https://www.python.org python
http://python.org Mismatch!
http://www.abcd1234.com abcd1234
https://wwww.abcdefghijklmn.com/ Mismatch!
http://www.*&$.com/ Mismatch!
https://www.houlu.me houlu
ftp://www.abcd.com Mismatch!
```

可以看出，正则表达式正确匹配到了模式。

下面对上述模式进行简单的解析：

```
pattern = r'^(http|https)://w{3}[.](?P<domain>[\w\s]{,10})[.](com|org|me)/?$'
```

首先，正则表达式由于存在许多反斜线\，所以最好采用原始字符串 r' 的形式，否则在字符串中不得不使用大量的\来转义。开头的^和结尾的$表明这个正则表达式匹配的是处于字符串的开头和结尾的模式（也就是说目标需要同时出现在字符串的开头和结尾，即匹配完整的字符串），有点类似 startswith 和 endswith 的意思。(http|https)为一个组，竖线|表明两模式是或的关系，即要么出现 http，要么出现 https。://为普通的字符，re 会寻找与普通字符一模一样的目标。w{3}表明字符 w 要连续出现 3 次，即匹配 www。点字符"."在正则表达式中可以匹配任意字符，而在这里，我们仅仅想匹配 URL 中的点，所以需要用中括号括起来进行转义。前面这些组合起来所匹配的字符串为：处于字符串开头，以 http 或 https 开始，后面跟着://和www.。我们做个简单测试：

```
pattern = r'^(http|https)://w{3}[.]'
objects = [
    'http://www.',
    'https://www.example.org',
    'hhttp://www.',
    'https:www.',
    'http://ww.'
]
```

按照匹配模式，只有前两个能够成功，我们看一下结果：

```
for o in objects:
    print(re.search(pattern, o))


<re.Matchobject; span=(0, 11), match='http://www.'>
```

```
< re.Matchobject; span = (0, 12), match = 'https://www.'>
None
None
None
```

(?P<domain>[\w\s]{,10})为第二个组,其中,?P<domain>表示该组匹配到的目标可以通过名称domain来访问,[\w\s]{,10}为真正的模式。[]表示匹配处于内部的任意字符,\w表示匹配Unicode文字字符,包括数字等,而\s表示匹配空格、回车等特殊字符。{,10}表示前述模式可以重复0~10次。合起来,[\w\s]{,10}表示可以匹配连续出现了0~10次的任意字符(包括数字、特殊字符等):

```
pattern = r'[\w\s]{,10}'
objects = [
    'abcd 正则式\n',
    '\n\t\r 0123',
    '# $ %^* +=',
    ''
]

for o in objects:
    print(re.search(pattern, o))

< re.Matchobject; span = (0, 8), match = 'abcd 正则式\n'>
< re.Matchobject; span = (0, 8), match = '\n\t\r 0123'>
< re.Matchobject; span = (0, 0), match = ''>
< re.Matchobject; span = (0, 0), match = ''>
```

这里可以看出,由于允许0次重复,所以空字符串也会被匹配到。另外,标点符号并不在\w的范围内。最后/?表示模式/可以出现0次或1次。

正则表达式十分复杂强大,想要掌握它需要依靠大量的训练,本书仅仅做一些简单介绍。下面再看一个例子。

Markdown是最流行的标记语言之一。在Markdown中可以嵌入多行代码,只需以3个反引号```开头,加上语言的名称,插入代码,并以3个反引号结尾,例如:

````
```python
print('hello world')
```
````

如果我们想以正则表达式的方式将一个Markdown文档中的多行代码全取出来,可以这样定义模式:

```
pattern = re.compile(r'(?s)(?=`{3}(\w+)\n(.*?)`{3}\n)'
```

(?s)是标志位,表示本模式中的"."号可以匹配换行符\n。后面是一个大组,(?=…)表示前瞻断言,即仅做匹配判断,不会取出内容。`{3}表示匹配连续3个反引号。(\w+)是一个组,匹配1到多个任意文字字符,这里匹配的是语言名称。\n是换行符,接着就是代码部分,采用(.?)来进行匹配。"."可以匹配任意字符,包括换行符,匹配模式出现0次或多次,而?则表示令*以非贪婪的模式运行,之后则是结尾的3个反引号。我们以本书某小节的Markdown版文件为目标来进行匹配,看看结果如何:

```
with open('basic10.md','r') as f:
    codes = pattern.findall(f.read())

from pprint import pprint
pprint(codes)
```

结果太多,这里在二维码中给出一部分,感兴趣的读者可以自行尝试一下。

匹配打印的结果

## 1.7 扩展的容器结构

在前文为大家介绍了 Python 中最基本的 3 种容器类型:序列(list)、元组(tuple)和字典(dict)。本节为大家介绍一些 Python 扩展的数据结构,包括集合、冻结集合、有序字典、默认项字典、双端队列及命名元组。熟练运用这类数据结构能够为编码带来极大的便利并提升代码的效率。

### 1.7.1 冻结集合 Frozensets

冻结集合指不可变的集合(类似元组相对于列表),通过 frozenset() 生成后便不可修改。但是仍支持集合的各种二元关系,二元关系的结果均生成新的冻结集合:

```
fs1 = frozenset(['a','b','c'])
fs1.add('d')
# AttributeError: 'frozenset' object has no attribute 'add'
print(fs1 & s1)
# frozenset({'a','b'})
```

### 1.7.2 有序字典 OrderedDict

通常我们使用的字典项是无序的,如果我们希望字典项能够保持固定的顺序,那么需要用到标准库 collections 中的 OrderedDict,它将保持项目插入的顺序。

```
from collections import OrderedDict
od = OrderedDict({'z': 26,'c': 3,'h': 8})
```

```
print(od)
# OrderedDict([('z', 26), ('c', 3), ('h', 8)])
od['a'] = 1
for i in od:
    print(i, end = '')
# zcha
```

而普通字典是不保证 key 的先后顺序的。除此之外，OrderedDict 可被用于替换任意的 dict。实际上，从 Python 3.6 版本起，默认 dict 已经具备了保持插入顺序的能力。

### 1.7.3 默认项字典 defaultdict

有时候我们希望创建一个字典，其中每一项的值都是一个空列表，然后我们在后续代码中为这些列表增加值。如果我们事先无法知道键的名字，那么我们需要先创建一个键值对，值为空列表，然后再为列表添加元素，像这样：

```
d = {}
# 这里确定了 key
d['a'] = []
d['a'].append(1)
print(d)
# {'a': [1]}
```

有了 collections 中的 defaultdict，我们可以为字典创建默认的值类型，这样可以省去定义空列表的步骤：

```
from collections import defaultdict
d = defaultdict(list)
d['a'].append(1)
print(d)
# defaultdict(<class 'list'>, {'a': [1]})
print(d['a'])
# [1]
```

当然，可以把 d 当作普通字典使用，让 d['a'] 引用非列表项都是没有问题的。

### 1.7.4 双端队列 deque

所谓双端队列，即队列两端均可添加或弹出元素，非常适合用于流式处理过程。

```
from collections import deque
d = deque('abcde')
print(d.pop())
```

```
# e
print(d.popleft())
# a
d.append('c')
d.appendleft('e')

print(d)
# deque(['e','b','c','d','c'])
```

我们还可以通过给 deque 传递一个参数来固定它的长度,当队列满了后,新插入的元素会在另一个方向上顶掉之前的元素:

```
d = deque('abcde', 5)
d.append('f')
print(d)
# deque(['b','c','d','e','f'], maxlen = 5)
# a 被顶掉了

d.appendleft('g')
print(d)
# deque(['g','b','c','d','e'], maxlen = 5)
# f 被顶掉了
```

官方文档[①]给出了几个有趣的应用,这里介绍一个 UNIX 系统 tail 命令的实现。

在 UNIX 系统中,可以利用 tail 命令输出一个文件末尾的指定行数的内容,例如,想输出一个文件最后 5 行的内容,可以使用命令:

```
tail <filename> -n 5
# Example
tail python_this -n 5

# Now is better than never.
# Although never is often better than *right* now.
# If the implementation is hard to explain, it's a bad idea.
# If the implementation is easy to explain, it may be a good idea.
# Namespaces are one honking great idea -- let's do more of those!
```

利用 deque 可以很方便地在 Python 中实现这个功能。

双端队列在两端的插入和弹出操作复杂度为 $O(1)$,而在中间位置的查询复杂度则上升为 $O(n)$。因而如果需要频繁的随机查找操作,请使用 list。双端队列的另一个优势在于它是线程安全的,因而可以用于共享数据。

deque 示例程序

---

① https://docs.python.org/3/library/collections.html#deque-recipes。

## 1.7.5 命名元组 namedtuple

命名元组是一类十分重要的容器类型。顾名思义，namedtuple 允许我们为元组的每一项都附上字段名称：

```
from collections import namedtuple
Score = namedtuple('Score', ['Math', 'Chinese', 'Python'])
```

这里我们创建了一个名为 Score 的子类(注意是类)，利用这个子类可以实例化对象，每个对象都是一个拥有 3 个字段的元组：

```
Zhangsan = Score(10, Chinese = 80, Python = 100)
print(Zhangsan)
# Score(Math = 10, Chinese = 80, Python = 100)

Lisidict = {
    'Math': 60,
    'Chinese': 70,
    'Python': 20
}
Lisi = Score(**Lisidict)
print(Lisi)
# Score(Math = 60, Chinese = 70, Python = 20)
```

我们可以利用下标索引值或字段名称来访问每个元素：

```
print(Zhangsan[0]) # 数学成绩
# 10
print(Lisi.Chinese)
# 70
```

namedtuple 看起来很像 C 语言中的结构体 struct：

```
#include <stdio.h>
struct Score{
    float Math;
    float Chinese;
    float Python;
}Zhangsan = {10, 80, 100};

int main(void) {
    printf("%.2f", Zhangsan.Chinese);
}

//80.00
```

namedtuple 可以利用_asdict 方便地转为 OrderedDict：

```
print(Zhangsan._asdict())
# OrderedDict([('Math', 10),('Chinese', 80),('Python', 100)])
```

从效果上看，namedtuple 更类似于 tuple 和 dict 的结合体。

## 1.8 高级切片

本节我们详细介绍 Python 的切片功能。

### 1.8.1 切片

切片操作我们都比较熟悉了，可以通过切片获得一个容器的一系列对象，它的基本使用方式是[start:stop:step]：

```
a = [1, 2, 3, 4, 5]
print(a[:2])
[1, 2]

print(a[3:])
[4, 5]

print(a[:4:2])
[1, 3]

print(a[::-1])
[5, 4, 3, 2, 1]
```

切片中索引与元素的关系如图 1-2 所示。

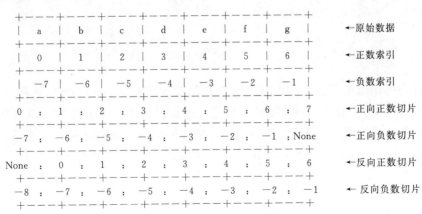

图 1-2　切片中索引与元素的关系

其中，正向索引部分任意两个组合获得的结果就是两个数字中间夹着的原始数据，例如，

0:-2 的结果就是[a, b, c, d, e],而-7:7 的结果就是[a, b, c, d, e, f, g]:

```
a = ['a','b','c','d','e','f','g']
print(a[0:-2])
['a','b','c','d','e']

print(a[-7:7])
['a','b','c','d','e','f','g']

print(a[0:None])
['a','b','c','d','e','f','g']
```

有趣的是,我们可以用超出对象范围的索引值来进行切片,这时并不会抛出 IndexError 异常:

```
print(a[0:100])
['a','b','c','d','e','f','g']

print(a[100])
IndexError: list index out of range
```

在反向切片中 step 参数为负数,在图 1-2 中索引值需要从右向左给出,最终结果为反向的数据,例如:

```
print(a[3:-8:-1])
['d','c','b','a']

print(a[5:None:-1])
['f','e','d','c','b','a']

print(a[6:-8:-1])
['g','f','e','d','c','b','a']

print(a[-1::-1])
['g','f','e','d','c','b','a']
```

None 在切片中的作用是表明"切到结束为止",如果没有指明起止位置,则默认值为 None。

Python 的切片设计能够让我们更快地确定值的范围。首先,切片指定的范围是一个左闭右开的区间,包含起始值而不包含结束值;其次,结束值减去起始值得到的就是切片出来的长度;最后,a[:x]+a[x:]==a。所以当我们写出 a[2:5]时,我们就能确定切出了(5-2=3)个元素,分别是第 2、第 3 和第 4 个位置的元素。

## 1.8.2 切片对象

事实上,切片本身也是 Python 中的一类对象,它的类型是 slice。Python 中存在内建函数

slice(),用以创建切片对象,它接收3个参数,分别是start、stop和step,和冒号表达式直接书写是一致的,不同的是只有start和step具有默认值None,所以我们至少需要给出stop的值才能创建切片对象。获得的切片对象可以直接用于索引元素:

```
ia = slice(2, 5)
print(a[ia])
['c','d','e']
```

slice对象本身仅包含上述3个属性,可以分别访问:

```
print(ia.start, ia.stop, ia.step)
2 5 None
```

slice具有唯一一个方法:indices。它接收一个整数length,并将切片对象缩小到start~length~stop这个范围内,返回一个三元组,表示新的起止位置和步长:

```
i1 = slice(0, 100, 2)
i2 = slice(5, 7, 2)

l = 6

print(i1.indices(l))
(0, 6, 2)

print(i2.indices(l))
(5, 6, 2)

print(a[slice( * i2.indices(l))])
['f']
```

我们也可以通过__getitem__方法来捕获slice对象:

```
class List:
    def __getitem__(self, index):
        print(index)

l = List()
l[0]
0

l[:3]
slice(None, 3, None)

l[None:None:None]
slice(None, None, None)
```

## 1.8.3 索引元组

如果接触过 numpy 之类的科学库，会发现它们能够支持高维索引：

```
import numpy as np
a = np.random.random((4, 4))
print(a[2, 3])
0.1541530854483415

print(a[:2, 3:])
[[0.83999301]
 [0.6960205 ]]

print(a[slice(2), slice(2)])
[[0.37081199 0.80440477]
 [0.76574234 0.40022701]]
```

内建列表、元组等均不能直接进行高维索引：

```
a = [[1, 2, 3], [4, 5, 6]]
a[1, 2]
TypeError: list indices must be integers or slices, not tuple
```

我们依旧利用 \_\_getitem\_\_ 看一下进行高维索引时发生了什么：

```
l = List()
l[1, 2]
(1, 2)

l[1, 2, 3, 4]
(1, 2, 3, 4)

l[:2, 3:]
(slice(None, 2, None), slice(3, None, None))
```

可以看出，高维索引传入的索引参数是元组。我们来尝试为内建容器类型增加简单版本的二维索引（仅支持二维索引）。

和 numpy 的结果对比一下：

给列表增加二维索引

```
a = np.array([[1, 2, 3], [4, 5, 6], [7, 8, 9]])
print(a[:, 2])
[3 6 9]

print(a[2, :])
```

```
[7 8 9]

print(a[:, :])
[[1 2 3]
 [4 5 6]
 [7 8 9]]

print(a[2:, 1:])
[[8 9]]

print(a[1])
[4 5 6]
```

# 第 2 章 理解字节

本章将介绍 Python 中字符、字节、编码等相关内容。我们都知道计算机以二进制方式运作,所有的信息最终都被存储为二进制字节。每个字节包含 8 比特。对于数字来说,它们以二进制的方式存储是比较方便的,例如"5"可以存储为 3 比特:0b101。0b1111 则表示整数 15。那么,计算机如何来存储字符呢?

## 2.1 编　　码

### 2.1.1　字符集

既然计算机可以很方便地存储数字,人们便想到了将字符映射为数字,再将其转为二进制进行存储。字符与数字的映射被称作字符集。最常见的字符集之一就是 ASCII 字符集。ASCII 字符集将 128 个字符(分为 95 个可打印字符和 33 个控制字符)映射到了 0~127 这 128 个整数上。这 128 个字符包括英文 26 个字母的大小写和各种键盘上能够看见的符号(如"+""—""*""/"",""."),以及许多诸如制表符\t、换行符\n 等特殊字符。一旦映射成了整数,存储就很方便了,因为整数可以直接以二进制形式存储。举个例子,字符'p'在 ASCII 码表中对应的整数是 112,它表示为二进制是 0b1110000,共 7 比特。

在 Python 中,我们可以利用内建函数〔ord()和 chr()〕很方便地获取一个字符对应的 ASCII 码值,以及通过一个整数来获取对应的 ASCII 码字符:

```
print(ord('p'))
# 112
print(chr(112))
#'p'
```

有了 ASCII 字符集,我们就可以存储和传输部分字符了。在这里需要强调的一点是,将字符映射为整数和将整数存储为二进制是两个过程,我们将前者称为字符集映射,而将后者称为编码（encoding）。只不过 ASCII 码直接按照整数所对应的二进制进行存储，看起来仿佛映射与编码是同一个过程。后面我们会看到不同的存储方式。

ASCII 码有两个不足之处：
- 计算机通常以字节为基本存储单位，即 8 比特，而 ASCII 码只使用了 7 比特，有 1 比特的浪费；
- ASCII 码只能表示 128 个字符，世界上可显示的字符有成千上万个，仅中文简体字就有 2 000 多个，这些字符如何存储？

针对上述两点不足，人们做出了一些改进。例如，利用 ASCII 码的第 8 比特，这样就可以多收入 128 个字符。但是这还远远不够，且另一个新问题是，人们都在提出各自的扩展方式，没有一个统一的标准。例如，甲认为整数 150 表示'©'，而乙按照自己的标准认为整数 150 表示'¥'。这样，在甲发送给乙的文档中所有应该是'©'的地方全部被乙翻译为了'¥'，造成了歧义。

针对上述字符集的不足，人们提出了多字节字符集来满足需求。以汉字为例，我国最早的汉字字符集是 GB2312，其包含 99.7% 以上的常用中文字符，并且包含拉丁字母、希腊字母、平假名、片假名等字符。GB2312 以区位码（也是一个整数）来表示每个字符，并以两字节来存储。举个例子，字符'我'的区位码是 4650，其二进制存储内容是 0b1100111011010010，表示为十六进制为 0xCED2。这里我们可以发现，数字 4650 的二进制表示为 0b1001000101010，与上面 GB2312 存储的字节并不一致，这印证了前面我们所说的映射与存储是两个过程。

GB2312 在设计时兼容了 ASCII 码，将所有中文字符都放在了 128 的后面。所以，利用 GB2312 映射出来的拉丁字母和利用 ASCII 码映射出来的拉丁字母是完全一致的。

GB2312 虽然涵盖了足够多的字符，但仍旧有一些字符没有被收录进来，因而后续有了许多扩展，比较流行的是 GBK 和目前较新的 GB18030。其中 GB18030 是我国大陆强制使用的较新字符集，而我国台湾地区使用的则是 BIG5 字符集，其主要收录了繁体字符。

事实上，世界各地都在提出适用于自身的字符集，而这些字符集之间几乎无法兼容（大家都兼容了 ASCII 码），这就导致了一个巨大的兼容性问题。一篇利用 GB2312 映射后的文章，在一台采用了法语的某个字符集的机器上打开一定是乱码。因此，一些标准化组织便开始致力于提出一个全球统一的字符集，以便世界各地的各种字符都可以映射为一个标准的统一的数字。这其中较有名的标准是 ISO1064 和 Unicode。事实上，由于两者在很久以前就宣布互相兼容、共同扩展，因此，现今我们提到的统一字符集通常指的都是 Unicode。

Unicode 统一了世界各地不同字符的映射方式，拉丁字母、汉字、日文、韩文、法文、德文等都可以在 Unicode 映射表中找到唯一的整数与之对应，这大大地提高了字符在不同语种国家之间的传递效率。只要大家都遵循 Unicode 标准，那么所有字符都可以被正确地显示出来。

Unicode 将所有字符分为了 17 个平面，每个平面中的每个字符均用 4 位十六进制数来表示。也就是说，Unicode 使用的整数的范围利用十六进制来表示是 00000～FFFFF。其中第一位 0～F 表示第 0～16 平面，后 4 位 0000～FFFF 表示该平面对应的字符。如果转化为整数，Unicode 的字符范围是 0～1 114 112。Unicode 的第 0 个平面被称作 Basic Multilingual Plane（BMP）。我们目前使用的绝大多数字符，包括各个国家的字符，都涵盖在了这个平面内。值得一提的是，Unicode 完全兼容了 ASCII 字符集。所以在 Unicode 第 0 平面的 0～127 个整数和 ASCII 字符集是完全一致的。

Unicode 字符的表示方式是以'U+'开头，后面加上字符对应的十六进制数值。例如，字符'a'的 Unicode 表示方式是'U+0061'，写成整数是 97，和 ASCII 码一致，而字符'我'的 Unicode

表示方式为'U+6211',写成数字是25105。

Unicode 字符集也在不断地容纳新的字符进来,例如,Emoji 表情符号也在不断地加入 Unicode 家庭中。目前,Unicode 已经进入了 11.0.0 版本,已收录了超过 13 万个字符。

## 2.1.2　Unicode 编码方式

前文一直在强调,映射和编码是两个过程。上面我们主要介绍的是 Unicode 字符集的映射方式,即如何将一个字符映射为一个整数。下面我们重点介绍一下计算机如何来存储这个整数。

最简单的想法,像 ASCII 码一样,字符映射成什么整数,就存什么整数。例如,'我'的存储方式是 0x6211。像这样直接存储 Unicode 字符集的编码方式被称作 UTF-16,其中"UTF"表示'Unicode Transformation Format',而"16"则表示该编码方式采用 16 比特(即 2 字节)来存储 Unicode 字符。UTF-16 这种编码方式存在几个问题。一是只采用两字节,如何能够表示共 17 个平面的 Unicode 字符集呢？在各个平面中,存在许多未使用的码字,对于超平面(1 以上平面)的字符,UTF-16 利用了该平面与 BMP 平面中未使用的码字,将其构成代理对(4 字节)来表示。二是对于 ASCII 码而言,两字节过于浪费(本身只需要 7 比特),而 ASCII 码又是我们最常用的字符集之一,若采用 UTF-16 编码会产生巨大的浪费。三是由于网络中存在大端(big-endian)和小端(little-endian)两种字节序,UTF-16 编码在传输过程中要指明本段编码是大端还是小端,否则解码时会产生歧义。例如,字符'我'利用 UTF-16 编码后以大端字节序传输为 0x6211,而收方按小端字节序接收则变成了 0x1162,解码后成了字符'ᄂ',造成了歧义。UTF-16 解决方法称作 Byte Order Mark（BOM）。在 Unicode 中存在一个特殊字符'U+FEFF',而 FFFE 则不存在于 Unicode 中。因而 UTF-16 要求所有编码文档的最开始两字节存储 BOM,若存储的是 0xFEFF,则该文档为大端字节序;若存储的是 0xFFFE,则该文档为小端字节序。

另外一种不怎么使用的编码方式是 UTF-32,顾名思义,其采用 32 比特(4 字节)存储 Unicode 字符(实际上存储的是 UCS-4 字符集)。因为这种编码方式过于浪费空间,所以基本上不会用到。

## 2.1.3　UTF-8

鉴于 UTF-16 和 UTF-32 的各种不足,UTF-8 编码横空出世,并成了全世界最流行的 Unicode 编码方式之一。UTF-8 并不意味着以单字节存储字符,而是以变长字节来存储字符。字节长度为 1~4 字节不等。UTF-8 的编码方式比较简单:

- 对于 ASCII 码,UTF-8 采用单字节存储,且最高位为 0,这样 ASCII 码和 UTF-8 编码可以直接兼容;
- 对于其他码字,UTF-8 采用 2~4 字节存储,其中第一个字节的头部以'110'、'1110'、'11110'表明该字符是由 2 个、3 个、4 个字节存储的(前置"1"的个数),而剩余几个字节的头部全部是'10',每个字节的剩余位置存储 Unicode 字符的码字。

举个例子:字符'a'的 UTF-8 编码同 ASCII 码一样,就是 0x61;而字符'我'则需要 3 字节编码,首字节为 0b11100110,第二个字节为 0b10001000,第三个字节为 0b10010001。我们把字节的前置位拿去，剩下的比特组合起来就是 0b0110001000010001，其十六进制表示是 0x6211，正是我们前面看到的字符'我'的 Unicode 字符映射的整数。

UTF-8 解决了字节序问题。因为 UTF-8 把每个字符字节的头都标了出来，所以当机器读到了 0xE6(字符'我'的 UTF-8 编码的第一个字节)时，就知道继续读两字节并进行解码，而不是按照小端和大端做反序再做解码。

## 2.1.4 Python 3 的默认字符集与编码

在 Python 3 中，字符集默认为 Unicode，而编码方式默认为 UTF-8(这一默认方式可以在编译时更换)，这意味着世界上任何一个字符在 Python 中都是合法的。这里面包含了两层意思：一是 Python 3 中所有的字符串都是以 UTF-8 编码方式编码后存储在内存中的，例如，当用户定义 c='我'时，标识符 c 所指向的内存中存储的是 0x6211；二是我们可以利用任何 Unicode 字符来作为我们的自定义标识符：

```
class ß: pass
b = ß()
print(b)
# <__main__.ß object at 0x7fd739ff9278>
def ∑:
    print('hi')
∑()
# hi
π = 'ä'
print(π)
# ä
```

## 2.1.5 字符串与字节字面量

在 Python 3 中，字符串与字节字面量(byte literal)是两类不同的对象。字符串我们非常熟悉，它通常由引号定义：

```
a = 'python'
print(type(a))
# <class 'str'>
```

字节字面量是 bytes 类型的对象，它也由引号定义，但是引号前面有一个字母 b 标识，且引号中的每一个字节必须由\x 起始，后面接着本字节对应的十六进制数值：

```
# FF EE CC
b = b'\xFF\xEE\xCC'
print(b)
# b'\xff\xee\xcc'
```

```
print(type(b))
# <class 'bytes'>
```

因为要由十六进制数值定义,所以\x后面只能使用 0~9 和 A~F(或 a~f),其他字符会产生异常:

```
b = b'\xGH'
# SyntaxError: (value error) invalid \x escape at position 0
```

有趣的是,当字节值位于 0~7F 时(也就是处在 ASCII 码表范围内),Python 3 会将其对应的 ASCII 字符显示出来,而非显示其本身的字节值:

```
# ASCII: 70: p, 79: y, 74: t, 68: h, 6F: o, 6E: n
b = b'\x70\x79\x74\x68\x6F\x6E'
print(b)
# b'python'
```

## 2.1.6　encode 与 decode

Python 3 中的字符串对象可以通过编码(encode)转为字节对象,字节对象也可以通过解码(decode)转为字符串。encode 与 decode 可以接收一个参数来指明编码方式,默认的方式是 UTF-8。我们来依次看一下打印的结果。

```
a = 'hello'
bytea = a.encode()
print(bytea)
# b'hello'
a = '我'
print(a.encode())
# b'\xe6\x88\x91'
print(a.encode('UTF-16'))
# b'\xff\xfe\x11b'
print(a.encode('UTF-32'))
# b'\xff\xfe\x00\x00\x11b\x00\x00'
print(a.encode('GB2312'))
# b'\xce\xd2'
```

因为 UTF-8 编码完全兼容 ASCII 码,又因为 Python 会将字节以其 ASCII 码形式显示出来,所以将任意 ASCII 字符 encode()之后其都会变成其本身加一个字节标识符 b(表示它是个字节字符串)。

对于非 ASCII 码字符,encode()之后会显示其经过 UTF-8 编码后的结果,例如,'我'编码后是 0xe68891,正是上文打印的结果。

UTF-16 编码的结果是 b'\xff\xfe\x11b',在前面我们提到 UTF-16 以两字节编码 BMP

中的字符,这里为什么是 4 字节呢?注意到前两个字节是 0xFFFE,正是 UTF-16 所使用的 BOM!所以 0xFFFE 标识了该段编码是按照小端字节序完成的。

为什么 UTF-32 编码了 8 字节呢?因为 UTF-32 的 BOM 也采用 4 字节进行编码。这也显示了 UTF-32 十分浪费空间,并不适合实际使用。

国标 GB/T 2312—1980 也正确显示了对应的编码结果。

解码的过程与编码类似,默认解码方式也为 UTF-8:

```
print(b'\xE6\x88\x91'.decode())
# 我
print(b'\xCE\xD2'.decode('GB18030'))
# 我
# Incorrect decode
a = '我喜爱 Python'
print(a.encode('GBK').decode('UTF-16'))
# 틌딜꼅祐柊湯
```

最后我们可以看出,如果采用了错误的解码方式,就会产生乱码。

### 2.1.7 十六进制字符串

有时候,一排编码后\x 和 ASCII 字符混合的结果可能不如十六进制字符串更直观,我们可以利用 hex()方法将其转为十六进制字符串,注意,转换后的结果不再是字节对象:

```
ea = a.encode('GBK')
print(ea)
# b'\xce\xd2\xcf\xb2\xb0\xaePython'
print(ea.hex())
# ced2cfb2b0ae507974686f6e
```

### 2.1.8 查看原始 Unicode 码

在基础内容中我们提到可通过两个内建函数 chr()和 ord()来查看字符的 ASCII 码。实际上,ord()可用于直接查看一个字符对应的 Unicode 码字的十进制值,而 chr()则可以将一个整数映射为 Unicode 中对应的字符:

```
print(ord('我'))
# 25105
print(chr(25105))
# 我
print(chr(0x6211))
# 我
print(chr(0b0110001000010001))
```

```
# 我
print(chr(0o61021))
# 我
```

这里需要说明的是，Python 中的整数可以直接用二进制、八进制、十进制和十六进制来表示，例如在上例中，十进制整数 25105，可以利用其十六进制值，在前面加上十六进制标识 0x 即可，二进制标识符为 0b，而八进制标识符为 0o(字母 o)。需要注意的是，这只是一个整数的不同写法，它们的含义都是一致的，一定要同字节字面量区分开：

```
print(25105 is 0x6211 is 0b0110001000010001 is 0o61021)
# True
print(type(0x6211)) # 这是整数
# <class 'int'>
print(type(b'\x62\x11')) # 这是字节
# <class 'bytes'>
```

我们也可以通过转义字符\u 来定义 Unicode 字符，对于一些无法打印的字符，Python 会利用\u 显示其原始 Unicode 码字：

```
a = '\u6211'
print(a)
# 我
print(chr(57344))
# '\ue000'
```

想要直接查看十六进制表示的 Unicode 码点值，可以将字符串以 unicode_escape 或 raw_unicode_escape 进行编码：

```
a = '我'
print(a.encode('raw_unicode_escape'))
# b'\\u6211'
```

## 2.1.9  Python 2 的不足

这里简单介绍一下历史上 Python 2 的编码方式。Python 2 在处理 Unicode 字符方面做得不够好。在 Python 2 中，Unicode 是有别于字符串的另一个类型。此外，Python 2 直接将字节作为字符串来处理，也就是字符串本身既具有 encode()方法，也具有 decode()方法，默认的编码方式均为 ASCII 码。然而我们知道，编码是从字符集码点到字节的转换，解码是相反的过程。所以在 Python 2 中，对于非 ASCII 字符串(或者叫它字节字符串)，不论什么 encode()方式都是错的(因为它本身就是已经编码过的)，同理对于 Unicode 类型字符串 decode()也是错的。这里仅仅给出部分例子供大家体会，我们也可以通过图 2-1 来简单类比 Python 2 与 Python 3 中的字符串类型(但不是完全一致)。

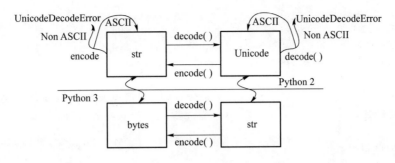

图 2-1 字符串类型对比

这些问题给文件读写造成了很大的麻烦。虽然理解了原理后可能在很大程度上会降低出错的概率,但是却很可能留下隐患。当然,我们现在几乎已经不再接触 Python 2 的任何内容了。

Python 2.7 的字符串编码操作示例

## 2.2 bytes 类型

在前面的内容中我们知道了如何构建一个 Python 的 bytes 类型。本质上讲,bytes 和 str 一样,都是一种不可变的序列。不同的是 bytes 的每个元素都是由字节组成的,而 str 的每个元素都是由字符组成的。bytes 拥有和 str 类似的序列操作:

```
byt = b'\x00\x11\x22\xCD\x2E\xEF'
print(byt)
# b'\x00\x11"\xcd.\xef'
print(byt[3]) # 按下表索引
# 205
print(byt[:3]) # 切片
# b'\x00\x11"'
```

实际上,我们可以将 bytes 理解为 0～255 范围内的整数序列。创建 bytes 除了使用前面介绍的字节字面量的形式外,还可以利用 bytes 直接创建,或利用类方法 fromhex 从十六进制字符串中创建。如果从字符串中创建 bytes,还需要指明编码方式:

```
print(bytes('python', encoding='utf8'))
# b'python'
print(bytes([0, 10, 100, 255]))
# b'\x00\nd\xff'
print(bytes.fromhex('000A64FF'))
# b'\x00\nd\xff'
```

### 2.2.1 可变字节序列:bytearray

bytes 对象和 str 对象一样,是不可变的:

```
byt = b'\xFF\xDDabc'
byt[2] = ord('g')
# TypeError: 'bytes' object does not support item assignment
```

Python 为字节提供了另一个 bytearray 类型，允许创建可变的字节序列。bytearray 只能通过类构造器创建：

```
byt = b'\xFF\xDDabc'
bay = bytearray(byt)
print(bay)
# bytearray(b'\xff\xddabc')

print(bay[1])
# 221

bay[1] = ord('g')
print(bay)
# bytearray(b'\xffgabc')
```

bytes 与 bytearray 之间可以相互转换，实际上，除去可变与不可变这一点之外，两者的使用方式没有任何区别：

```
byt = bytes(bay)
print(byt)
# b'\xffgabc'

bay = bytearray(byt)
print(bay)
# bytearray(b'\xffgabc')
```

## 2.2.2 字节处理

bytes 和 bytearray 支持所有的与字符串相关的操作，但是部分操作要求在 ASCII 码范围内。下面仅看几个例子，详细的手册请在官网[①]上查看。

## 2.3 缓冲区协议

bytes 和 bytearray 类型均支持缓冲区协议(buffer protocol)。所谓缓冲区协议，即对象将内部数据的内存地址暴露给调用者，使得调用者可以直接操作原始数据，无须提前复制一份。

---

① https://docs.python.org/3/library/stdtypes.html#binary-sequence-types-bytes-bytearray-memoryview.

什么意思呢？我们知道 Python 的列表、字符串、字节等对象都支持切片操作。切片的结果通常是返回一份新的独立的数据（还记得我们可以利用切片来深拷贝一个列表吗？）。这意味着当我们需要处理一份较大的数据时，频繁的切片操作会给内存和运行效率带来巨大的压力。为了解决这个问题，Python 提出了一个 memoryview 对象（在 Python 2 中叫做 buffer），允许我们可以直接操作字节对象（严格来讲是所有支持缓冲区协议的对象，字节对象本身支持）的内部数据。这样，我们的操作都是针对原始数据进行的，不会进行多余的复制。下面来看一个例子。我们首先看一下原始切片操作：

```
def zero(data):
    data[0] = 0
    return data

data = bytearray('buffer protocol', encoding='utf8')

print(zero(data[6:]))
# bytearray(b'\x00protocol')

print(data)
# bytearray(b'buffer protocol')
```

我们定义了一个将对象第一个元素置零的函数，并将一个 bytearray 对象切片了进去。切片后的对象已经是一个新的对象了，对新对象的函数操作并没有反映到原始对象。那么 memoryview 是怎么做呢？

```
data = bytearray('buffer protocol', encoding='utf8')
mdata = memoryview(data)
print(mdata)
# <memory at 0x106305048>
print(mdata[0])
# 98
print(mdata[:6])
# <memory at 0x106305108>
print(zero(mdata[:6]))
# <memory at 0x106305108>
print(data)
# bytearray(b'\x00uffer protocol')
```

memoryview 接收一个支持缓冲区协议的对象并将其作为参数，返回一个底层内存接口。通过结果我们可以看出，函数在修改 memoryview 对象时，原始对象也被修改了。

memoryview 到底有什么好处呢？我们先从时间消耗上来看一下：

```
import time

def op(obj):
```

```
        start = time.time()
        while obj:
            obj = obj[1:]
        end = time.time()
        return end - start

times = 400000
data = b'x' * times
print(op(data))
# 7.324615955352783

md = memoryview(data)
print(op(md))
# 0.09047222137451172
```

在 op() 函数中我们做了 times 次的切片操作,可以看到普通的 bytes 对象由于存在频繁的切片复制操作,导致时间消耗巨大,而 memoryview 完全是本地(in-place)操作,效率极高(类似于 C 语言中的指针移位)。

接下来我们看一下内存消耗。我们利用第三方工具 memory_profiler 来监视这段程序的内存占用情况。首先我们利用 pip 安装 memory_profiler,程序示例如下:

```
from memory_profiler import profile
import time

@profile
def op(obj):
    start = time.time()
    while obj:
        obj = obj[1:]
    end = time.time()
    return end - start

times = 400000
data = b'x' * times
md = memoryview(data)

print(op(data))
print(op(mv))
```

我们来看一下运行结果:

```
Filename: mv.py

Line #    Mem usage      Increment    Line Contents
================================================
    5     14.3 MiB       14.3 MiB     @profile
    6                                 def op(obj):
    7     14.3 MiB        0.0 MiB         start = time.time()
    8     15.1 MiB    -50081.1 MiB         while obj:
    9     15.1 MiB    -50080.2 MiB             obj = obj[1:]
   10     14.7 MiB       -0.4 MiB         end = time.time()
   11     14.7 MiB        0.0 MiB         return end - start


Filename: mv.py

Line #    Mem usage      Increment    Line Contents
================================================
    5     14.7 MiB       14.7 MiB     @profile
    6                                 def op(obj):
    7     14.7 MiB        0.0 MiB         start = time.time()
    8     14.7 MiB        0.0 MiB         while obj:
    9     14.7 MiB        0.0 MiB             obj = obj[1:]
   10     14.7 MiB        0.0 MiB         end = time.time()
   11     14.7 MiB        0.0 MiB         return end - start
```

上半部分为 bytes 直接操作的结果，而下半部分为 memoryview 的结果。第三栏显示的是执行完当前行之后内存和最后一行内存之间的差值。这里我们可以看出，bytes 对象累计使用了接近 50 GB 的内存（累计使用的，中间垃圾回收器会频繁地回收），而 memoryview 没有使用任何多余的内存。

目前，Python 被频繁地用于科学计算领域，究其原因，缓冲区协议起了重要的作用。通常科学计算面对的都是大规模的数据，很多算法是由 C 语言或 Fortran 语言实现的动态库。缓冲区协议为这些动态库提供了基于 Python 的数据共享机制，使得 Python 可以利用这些动态库高效地处理大规模的数据。著名的 numpy 以及基于 numpy 发展的 scipy、pandas 等都以缓冲区协议为基础。memoryview 也常被用于序列化、socket 通信等方面。

## 2.4 序 列 化

序列化是指将对象转化为可存储或传输的形式的过程。我们都知道对象本质上是一些状态数据和方法的集合。程序均运行在内存中，所有对象也都驻留在内存中。一旦程序结束，内存中的对象就被清理了，对象所保持的状态数据也就清空了。因而为了能够持久化存储对象信息，我们需要利用序列化技术将对象转化为可存储、可传输、可恢复的形式，并存储在外存储器中。序列化技术通常因语言的不同而不同,但是有一些序列化技术提供了统一的标准,具有跨语言、跨平台的特性。我们可以依据不同的需求,选择不同的序列化方式。本节将为大家介绍3类序列化技术:Python特有的pickle和shelve,以及通用的JSON格式。

## 2.4.1 统一接口

虽然存在多种序列化技术,然而有4个接口是各个模块统一支持的,即dump()、load()、dumps()和loads()。dump()和load()分别指将一个对象序列化(dump)或反序列化(load)到一个类文件对象中,而带有"s"的dumps()和loads()则将对象序列化为一个字符串或字节对象(并不存储于文件内)或从一个字符串或字节对象反序列化得到原对象。从上述说明中我们可以知道4个方法的参数构成:

```
dump(obj, file, ...)
load(file, ...)
dumps(obj, ...)
loads(str_or_bytes, ...)
```

省略号代表的则是不同序列化技术可能包含的不同关键字参数。我们后面提到的3类技术,都是以这4个方法来进行序列化和反序列化操作的。

## 2.4.2 pickle

pickle是一个将Python对象序列化为二进制字节流或反序列化的一个模块。序列化的过程被称为pickling,反序列化的过程被称为"unpickling"。pickle的特点是可以将Python对象,包括一些用户自定义的对象,序列化为二进制字节流。可通过扫二维码来看几个例子。

pickle 序列化示例

可以看出对于基础数据类型,pickle均转化为了人类不可读的二进制流形式。容器类型也可以序列化,请扫二维码。

这里我们在dumps()中增加了一个protocol关键字参数,指明了pickle使用的协议版本号。通常情况下这个参数不需要指明,可以直接忽略。

pickle 对容器类型的序列化

下面我们来看看函数、类等对象的序列化。这里我们将采用dump()和load()方法将结果存入文件中,再从文件中读取出来。由于序列化结果为字节流,因此需要以二进制形式打开文件,请扫二维码。

这里我们将函数和类的定义做了序列化并做了恢复。类的实例同样也可以做序列化,并保存各自的信息:

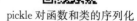
pickle 对函数和类的序列化

```
u1 = User(3)
u2 = User(6)

pu1 = pickle.dumps(u1)
pu2 = pickle.dumps(u2)
```

```
print(pu1)
# b'\x80\x03c__main__\nUser\nq\x00)\x81q\x01}q\x02X\x01\x00\x00\x00xq\x03K\x03sb.'

u1 = pickle.loads(pu1)
u2 = pickle.loads(pu2)

print(u1 + 1)
# 4
print(u2 + 1)
# 7
```

接下来,我们来看几个有趣的事。

```
puser = pickle.dumps(User)
User.__add__ = lambda self, y: self.x + y * 100

User_ = pickle.loads(puser)
u1 = User_(1)
print(u1 + 1)
```

这里我们将 User 类 pickling 后,改变了类的 __add__ 方法,然后将类 User 反序列化回来,实例化一个对象后调用加法运算,猜一下,结果是什么?

```
# 101
```

这说明了一个事实,即对于类(也包括函数)的序列化实际上是序列化了一个类的引用,而不是类本身的所有内容。我们通过另一个例子来印证这个观点,这个例子需要两个文件完成:

```
# binary.py
import pickle
class User:
    def __init__(self, x):
        self.x = x

    def __add__(self, y):
        return self.x + y

if __name__ == '__main__':
    file_name = 'binary.bin'
    with open(file_name, 'wb') as f:
        pickle.dump(User, f)
```

另一个文件从 'binary.bin' 反序列化回类 User:

```
# test.py
import pickle
```

```
file_name = 'binary.bin'
with open(file_name, 'rb') as f:
    User_ = pickle.load(f)
```

运行'test.py'发现:

```
# AttributeError: Can't get attribute 'User' on <module '__main__' from 'test.py'>
```

可以发现,错误信息显示在'test.py'中不存在属性 User。解决办法是什么呢？import 原定义的文件：

```
# test.py
import pickle
from binary import User
file_name = 'binary.bin'
with open(file_name, 'rb') as f:
    User = pickle.load(f)
u = User(10)
print(u + 100)
# 110
```

事实上,对于类和函数,pickle 序列化操作存储的是两者所在的模块和名称(归功于 Python 的内省机制),而反序列化则是通过模块寻找名称并最终获取其定义的引用,所以出现了上述两个情况。因为获取的是对原类的引用,所以这期间对类做的任何改变都会在新的引用中生效。

那么对于类的实例,pickle 是怎么做的呢？

```
# Python 3.11
# binary.py
import pickle
class User:
    def __init__(self, x):
        print(f'Class {self.__class__.__name__}\'s __init__() with params {x} is called')
        self.x = x

    def __new__(cls, *args):
        print(f'Class {cls.__name__}\'s __new__() with params {args} is called')
        return object.__new__(cls)

if __name__ == '__main__':
    u = User(10)
    file_name = 'binary.bin'
    with open(file_name, 'wb') as f:
        pickle.dump(u, f)
```

```
    u.x = 100

# Class User's __new__() with params (10,) is called
# Class User's __init__() with params 10 is called
```

```
# test.py
import pickle
from binary import User
file_name = 'binary.bin'
with open(file_name, 'rb') as f:
    u = pickle.load(f)
print(u.x)
# Class User's __new__() with params () is called
# 10
```

我们可以发现，首先在反序列化一个实例时，__new__方法被调用了，但是没有任何参数，而初始化方法__init__则没有被调用。其次我们在'binary.py'的最后将实例的 x 属性修改为了 100，结果没有反映到反序列化后的实例 u 中。实际上，pickle 对于普通实例的实例化方式可以用如下代码来简单说明：

```
def save(obj):
    return (obj.__class__, obj.__dict__)


def load(cls, attributes):
    obj = cls.__new__(cls)
    obj.__dict__.update(attributes)
    return obj
```

序列化的结果包含实例的类的引用以及实例自身的属性字典__dict__。而反序列化的过程则是利用存储的类的引用重新构造一个新的实例，但是不经过初始化操作，而是直接将存储的属性字典复制到新实例的字典中。

如何让序列化能够保存实例的状态？后文将回答这一问题。

## 2.4.3 不可序列化对象

并非所有的对象都可以序列化。官方文档[①]给出了允许序列化的对象类型。通常一些系统对象或是外部对象都是不可序列化的，例如 socket 连接、数据库连接、文件描述符、线程对象等。

对 socket 对象进行序列化的示例程序

先后运行示例中两个文件后，结果：

```
# TypeError: Cannot serialize socket object
```

---

① https://docs.python.org/3/library/pickle.html#what-can-be-pickled-and-unpickled。

下面是线程的序列化：

```
import threading
import pickle

t = threading.Thread()
pickle.dumps(t)

# TypeError: can't pickle _thread.lock objects
```

如果我们的实例包含上述某些对象，则我们的实例也变成了不可序列化的对象，请扫二维码。如何解决呢？

## 2.4.4 有状态对象序列化

包含了不可序列化
对象的实例的序列化

在 Python 所有的特殊方法中，存在这样两个方法：\_\_getstate\_\_ 和 \_\_setstate\_\_。它们会在 pickling 和 unpickling 时自动调用，允许用户自定义类中的属性以怎样的方式进行序列化和反序列化。这样，对于不可序列化的对象，我们可以利用上述两个特殊方法，先将不可序列化对象的状态或数据保存为可序列化的形式，再在反序列化时重新构建原对象。

两个特殊方法的运行机制请扫二维码。

当类中存在 \_\_getstate\_\_ 方法时，在 pickle.dump() 时会直接调用该方法，并将返回值进行序列化，同时，忽略对象自身的 \_\_dict\_\_ 属性（这就是为什么最后的 a.y 会报错），在 pickle.load() 时，反序列化得到的对象会作为 \_\_setstate\_\_ 方法的第一个参数传入。

如何利用这两个特殊方法保存实例中不可序列化的一些状态，请扫二维码。

两个特殊方法
的运行机制

通过特殊方法
序列化 socket 对象

这里，我们在 \_\_getstate\_\_ 中将目标地址序列化，而后在 \_\_setstate\_\_ 中，我们重新构建新的 TCP 连接。这样，实例看起来保存了原始状态。在服务端，应当可以收到如下字节流：
b'\x80\x03X\t\x00\x00\x00localhostq\x00M90\x86q\x01.'。

## 2.4.5 自定义序列化

pickle 模块允许我们通过继承来自定义序列化方式。pickle 包含一个 Pickler 类和一个 Unpickler 类，分别用于序列化和反序列化。我们可以直接继承两个类，并分别改写 dump() 或 load() 方法实现自定义的序列化方式。需要注意的是，两个类在实例化时均需要传入一个具有读写字节方法的对象。下面我们尝试将前面的 A 进行序列化和反序列化，其中用到了

利用 pickle 序列化
并重建类 A 的实例

Python 的内省和反射机制。

这里 dump() 序列化了 3 项内容：模块名、类名和实例属性字典。而反序列化 load() 首先通过模块和类名获取类对象，其次调用 __new__ 方法创建一个新对象，最后将实例的属性复制到新的对象中。

我们利用 io 模块中的 BytesIO 来代替文件对象，BytesIO 是内存字节流对象。

```
import io
bytes_stream = io.BytesIO()
upickle = UserPickler(bytes_stream)
a = A(10)
upickle.dump(a)
# dump is called
print(bytes_stream.getvalue())
# b'__main__\xffA\xff\x80\x03}q\x00(X\x01\x00\x00\x00yq\x01K\x01X\x01\x00\x00\x00xq\x02K\nu.'
bytes_stream.seek(0) # 这里需要手动将流指针指向起始位置
uunpikle = UserUnpickler(bytes_stream)
a = uunpikle.load()
# load is called
print(a.x)
# 10
```

### 2.4.6 序列化外部对象

通常情况下，我们都不需要实现自定义的 dump() 和 load() 方法。如果我们只是希望对某个类进行自定义的序列化过程，利用 __getstate__ 和 __setstate__ 通常就足够了。不过，Pickler 和 Unpickler 提供了另外两个方法，允许我们利用自定义序列化类序列化一些不可序列化的或外部的对象，如前述的 socket，这两个方法分别是 persistent_id 和 persistent_load。

persistent_id 和
persistent_load 方法示例

persistent_id 用于在序列化时保存外部对象索引值，而 persistent_load 则利用索引值恢复原对象。两者对于普通对象的序列化没有影响，仅对指定的对象保存了额外的一些属性，以供后续恢复。

```
import io
f = io.BytesIO()
app = App('localhost', 12345)
UserPickler(f).dump(app)
# persistent_id is called
# persistent_id is called
# persistent_id is called
# … 每个属性序列化都会调用 persistent_id
```

```
f.seek(0)
app = UserUnpickler(f).load()
# persistent_load is called
app.send_batch(app.addr)
```

如果 TCP 服务器还正常的话,应当能够收到:

```
b'\x80\x03X\t\x00\x00\x00localhostq\x00M90\x86q\x01.'
```

这样,我们利用 persistent_id 和 persistent_load 两个方法实现了 __getstate__ 和 __setstate__ 的功能。

## 2.4.7 shelve

严格意义上来讲,shelve 并不是一个序列化工具(所以没有 dump() 和 load() 方法),而是一个接口,连接 pickle 和 dbm 数据库文件的接口。dbm 是 UNIX 操作系统自带的一个简易的数据库,用于在文件中存储哈希表,也就是 Python 中的字典类型。dbm 非常简单,它仅仅支持文件的读写(无法直接并行写入),按 key 索引对象,没有独立的服务,也不支持 SQL 语句。Python 提供了一些 dbm 数据库的接口,而 shelve 则实现了将字典对象 Pickling 后按 key 存入一个 dbm 文件中的功能。简单来说,pickle 实现了序列化,shelve 实现了序列化的哈希式持久化存储。

shelve 只有 3 个方法,分别是 open()、sync() 和 close()。open 接收一个文件名,并返回一个类字典的对象(实际上是 shelve.DbfilenameShelf 对象),可以将需要持久化的 Python 对象以 key-value 的形式存入其中。这个字典的改变会被直接同步到文件中,但是最后仍需要显式调用 close() 来关闭文件,否则程序不会结束。来看一个简单的例子:

```
import shelve

file_name = 'shelf'
d = shelve.open(file_name)
d['key'] = b'eggs'
d.close()

p = shelve.open(file_name)
print(p['key'])
# b'eggs'
p.close()
```

在文件未关闭前,字典的键值可以随意改变,每次对字典项的修改操作都会直接映射到数据库文件中。需要注意的是,这里说的是对字典项直接的修改。如果值是一个 Python 的可变对象,对可变对象的修改并不会被同步到文件中:

```
import shelve

file_name = 'shelf'
d = shelve.open(file_name)
```

```
l = [1, 2, 3, 4]
d['lst'] = l
l.append(5)
d.close()

p = shelve.open(file_name)
print(p['lst'])
# [1, 2, 3, 4]
p.close()
```

open()方法提供了一个参数 writeback 来解决这个问题。当设置 writeback 为 True 时，shelve 会在内存中设置一个缓冲区跟踪可变对象的变化，并在调用 sync()或 close()时将缓冲区内容写入文件。这样，可变对象的变化也能够同步到文件中：

```
class A:
    def __init__(self):
        self.x = 10
a = A()

d = shelve.open(file_name, writeback = True)
l = [1, 2, 3, 4]
d['lst'] = l
d['a'] = a
l.append(5)
a.x = 100
d.close()

p = shelve.open(file_name)
print(p['lst'])
# [1, 2, 3, 4, 5]
print(p['a'].x)
# 100
p.close()
```

当然，如果需要存储的内容过多，writeback 会造成很大的内存消耗，同步或关闭文件的时间会变长许多。

## 2.4.8 JSON

JSON(JavaScript Object Notation)是一个通用的文本形式的序列化方式,具有跨语言、人类可读(或者称作自我描述性)等特性,是目前较为流行的文本序列化方式。它的格式由 RFC 7159 和 ECMA-404 两个协议共同定义。既然是一个通用的格式,那么它对 Python 对象的支持就非常有限,仅仅允许部分内建类型的序列化。Python 提供了一个 json 模块实现了与 JSON 相关的接口。自然地,json 存在 4 个基本的方法:dump(s)和 load(s)。来看一些基础的例子:

```
import json
a = [1, 2, 3, 4]
b = (1, 2, 3)
d = {
    'a': 'hello',
    'b': None,
    'c': True,
    'd': 10,
    'e': 1.0e10,
    'f': a,
    'g': b,
}
print(json.dumps(d))
# {"a": "hello", "c": true, "f": [1, 2, 3, 4], "b": null, "d": 10, "g": [1, 2, 3], "e": 10000000000.0}
```

Python 的很多东西都是无法直接 JSON 序列化的:

```
c = {1, 2}
class A: pass
e = A()
def func: pass
json.dumps(c)
# TypeError: {1, 2} is not JSON serializable
json.dumps(e)
# TypeError: <__main__.A object at 0x000001D38EF926D8> is not JSON serializable
json.dumps(func)
# TypeError: <function func at 0x0000027795D86488> is not JSON serializable
```

可以将序列化结果存入一个文件中,通常,文件都是以.json 为后缀的。

将对象按照 JSON 格式序列化至文件

可以直接打开文件看看里面的内容是怎样的:

```
{"Year": 2018, "City": null, "School": {"Student": ["Bily", "Wily", "Hily"], "Teacher": ["Bill", "Will", "Hill"]}}
```

虽说都是字符串,人类可读,可是全部挤在一行没有缩进也没有层次结构让人难以辨认。所以,dump 提供了一个 indent 参数,允许我们指定缩进空格数来清楚地显示:

```
json.dump(d, f, indent = 2)
```

再打开看看：

```
{
  "School": {
    "Student": [
      "Bily",
      "Wily",
      "Hily"
    ],
    "Teacher": [
      "Bill",
      "Will",
      "Hill"
    ]
  },
  "City": null,
  "Year": 2018
}
```

这样就清晰了许多。

我们再尝试用其他语言读取这个文件的内容：

```
// Node.js
const filename = 'example.json';
const obj = JSON.parse(require('fs').readFileSync(filename));
console.log(obj);

/*
{ School:
   { Teacher: [ 'Bill', 'Will', 'Hill' ],
     Student: [ 'Bily', 'Wily', 'Hily' ] },
  City: null,
  Year: 2018 }
*/
```

## 2.4.9　JSON 编码方式

JSON 协议推荐采用 UTF-8 编码方式进行 JSON 文本的编码。然而，Python 的 json 模块 dump() 方法有一个参数 ensure_ascii，其默认值为 True。也就是说，直接调用 dump() 序列化后的 JSON 只会包含 ASCII 字符。我们可以通过对其置 False 来允许显示 Unicode 字符：

```
print(json.dumps('它不只是 Python'))
# "\u5b83\u4e0d\u53ea\u662fPython"
print(json.dumps('它不只是 Python', ensure_ascii = False))
# "它不只是 Python"
```

## 2.4.10 自定义解析器

json 同样提供了两个类供我们继承，从而自定义序列化方式，它们分别是 json.JSONEncoder 和 json.JSONDecoder。我们来尝试利用这两个类定义对字节对象的序列化方式，改写 default(注意是 default 方法)和 object_hook(需要在初始化时指明)方法即可：

```python
import json
# 字节对象是不可直接序列化的
json.dumps(b'hello')
# TypeError: b'hello' is not JSON serializable
class BytesEncoder(json.JSONEncoder):
    def __init__(self, **kwargs):
        super().__init__(**kwargs)

    def default(self, obj):
        if isinstance(obj, bytes):
            return obj.hex()
        else:
            return super().default(obj)
```

这样我们在做 dump() 时，可以利用 cls 参数指定利用哪个类来做序列化：

```python
print(json.dumps(b'hello', cls = BytesEncoder))
# "68656c6c6f"
d = {
    'a':'hello',
    'b': b'hello',
}
print(json.dumps(d, cls = BytesEncoder))
# {"b": "68656c6c6f", "a": "hello"}
```

另一种方法，我们可以不定义一个类，而是只定义一个函数来实现自定义序列化功能，只不过这个函数应当通过 default 参数传给 dump()：

```python
def serialize_bytes(obj):
    if isinstance(obj, bytes):
        return obj.hex()
    else:
        return json.dumps(obj)

print(json.dumps(d, default = serialize_bytes))
# {"a": "hello", "b": "68656c6c6f"}
```

反序列化同样有两种方式：类和函数。

```
class BytesDecoder(json.JSONDecoder):
    def __init__(self, **kwargs):
        super().__init__(**kwargs)

    def decode(self, s):
        return bytes.fromhex(s)

def deserialize_bytes(s):
    return bytes.fromhex(s)
```

等等,好像哪里不太对劲。对于反序列化过程来说,我们如何知道这个字段应当被反序列化为 bytes 呢?

```
{
    "a": "FFFF"
}
```

这里的"a",究竟是字符串的"FFFF"还是两字节"\xFF\xFF"呢?不知道。所以,我们在自定义序列化的过程时,要指明被序列化对象的类型,否则在恢复过程中将无所适从。

一个完整的流程请扫二维码。

完整的序列化及反序列化流程

# 第 3 章

# 理 解 函 数

本章我们将介绍 Python 中函数编程的内容。虽然不及 JavaScript 等高级语言的函数式风格高效,但 Python 仍有自己独到的设计理念。

## 3.1 初  探

函数式编程是一种编程范式,它的核心是一套紧密完善的数学理论,称为 λ 演算(λ-calculus)。

按照编程范式来区分(或者说按照如何分解一个问题来区分),语言可以有如下 4 类。

- 过程式:通过一步步连续的指令来告诉计算机该做什么,常见的过程式语言有 C 语言、UNIX、Shells、Pascal 等。
- 声明式:描述一个问题并让语言的底层来实现计算的过程是声明式编程。常见的声明式语言是 SQL。我们在利用 SQL 查询数据的时候,通常这么写:"请到 A 表里把 b 是 1 的那一项的 c 和 d 属性给我。"即

```
select c, d from 'A' where b = 1;
```

- 面向对象:将问题抽象为数据和方法的集合。Java 便是纯正的面向对象编程语言。
- 函数式:将问题分解为一些小的函数的集合,每一个函数都有输入和输出,并且输出值只受输入值的影响,而不受函数内部状态的影响。Haskell 是纯函数式编程语言。

支持以上多种编程范式的语言,叫做多范式语言,例如 Lisp、C++以及 Python。要理解函数式编程,首先要明白编程中的两个概念:语句(statement)和表达式(expression)。语句指一段可执行的代码,类似一个命令,例如 import random 或 return 0,通常,IO 操作都是语句,例如打印 print('hello');而表达式(可以直接理解为函数)指一段可以输出一个结果的代码,例如 abs(−1)会输出 1。函数式编程要求尽可能地仅使用表达式来完成程序编写。此外,函数式编程还有如下几个特点。

(1) 函数为"一等公民"

所谓"一等公民",即函数在程序中与其他数据类型处于相同地位。函数可以作为函数参

数、函数返回值，也可以定义在别的函数内部等，即函数也是一个对象。

(2) 内外隔离

这里指函数内部与外部保持独立，内部不会对外部的任何东西产生影响（或者称为副作用），简单来说就是内部不会引用外部的全局变量。

(3) 无状态性

函数内部不存在状态，这一点同面向对象中的对象正好相反，对象存储的正是数据的状态，并随着程序的运行，状态也发生着变化。函数式编程强调无论什么时候，只要输入值一定，输出值就是一定的。

更多关于函数式编程理论性的东西，可以在相关参考文献中学习。本章重点介绍 Python 如何采用函数式编程范式来进行程序编写。

## 3.1.1 "一等公民"特性

既然函数是"一等公民"，那么它和普通的变量就没什么区别，可以把函数名作为普通变量做很多事，只有在函数后面括上小括号，它才会开始调用过程：

```
a = 1
def b():
    return 0
# 调用
print(b())
# 0
# 普通变量
print(b)
#< function b at 0x0000016EA266BF28 >
# 也可以被覆盖
b = a
print(b)
# 1
```

## 3.1.2 匿名函数

匿名函数可以说是函数式中的基本单元，很多地方都有它的身影。Python 中匿名函数由关键字 lambda 定义，其结构是 lambda (params)：< expression >。

```
f = lambda x, y: x + y
```

这里定义了一个匿名函数，接收两个参数 x 和 y，匿名函数返回 x 和 y 的和。将这个匿名函数赋值给 f，即可利用 f 来调用：

```
print(f(1, 2))
# 3
```

匿名函数要求函数体不能超过一个表达式,并且自动将计算结果返回,不需写 return。上述匿名函数的普通写法是

```
def f(x, y):
    return x + y
```

匿名函数的意义在于可以在需要的地方直接定义一个函数,而不是在别的地方定义再在这里传入,下面的例子中均有涉及。

匿名函数当然也可以不加参数,甚至直接返回一个 None。这在一些需要函数进行测试的地方会很有帮助。

需要注意的一点是,如果用户定义了一个匿名函数,却把它赋值给了一个标识符(例如前面的 f),应该用普通定义来完成。

## 3.1.3 高阶函数

所谓高阶函数,即前面所说的将函数作为其他函数的参数。例如,这里实现一个简易的计算函数,可以返回 x 和 y 经过 method 运算的结果:

```
def compute(method, x, y):
    return method(x, y)
```

这里 method() 是函数,它可以是任何一种二元运算函数:

```
# 整数加法
print(compute(int.__add__, 4, 2))
# 6

# 乘法
print(compute(float.__mul__, 4.0, 2))
# 8.0

# 开方
import math
print(math.pow(4, 1/2))
# 2.0
print(compute(math.pow, 4, 1/2))
# 2.0

# 匿名函数直接定义
print(
    compute(
        lambda x, y: x + y - 1,
        4,
        2
```

```
        )
    )
# 5
```

## 3.1.4 嵌套定义

函数内可以定义函数,例如:

```
def func1(x, y):
    # 定义另一个函数
    def func2():
        print(x)
    # 这里直接调用
    func2()

func1(1, 2)
# 1
```

## 3.1.5 返回值函数

函数也可以作为其他函数的返回值,例如,上述 func2() 可以作为 func1() 的返回值返回去:

```
def func1(x, y):
    def func2():
        print(x)
    return func2
```

返回来的函数怎么用呢?用一个变量接收,再调用这个变量:

```
f = func1(1, 2)
# f 就是 func2()
f()
# 1
```

也可以用匿名函数定义返回值:

```
def func1(x, y):
    return lambda z: x + y + z

f2 = func1(1, 2)
print(f2(3))
# 6
```

函数返回值有什么用呢？请接着看。

## 3.1.6 闭包

当一个函数调用结束后，其内部变量就结束了生命被销毁了，比如：

```
def func():
    l = []
    for i in range(4):
        i += 2
        l.append(i)
    return l

print(func())
#[2,3,4,5]
print(i)
# NameError: name 'i' is not defined
```

现在我们来改写一下它：

```
def func():
    l = []
    for i in range(4):
        l.append(lambda: i)
    return l
```

这里 func() 返回了一个包含 4 个匿名函数的列表，匿名函数返回了 i 的值，i 是函数内部的变量。我们试着在外部调用一下它们：

```
fl = func()
# 先看看fl是什么
print(fl)
#[<function func.<locals>.<lambda> at 0x0000020D22FF3378>, <function func.<locals>.<lambda> at 0x0000020D22FF3488>, <function func.<locals>.<lambda> at 0x0000020D22FF3510>, <function func.<locals>.<lambda> at 0x0000020D22FF3598>]

# 调用列表中最后一个函数
print(fl[-1]())
#3
```

函数内部的变量在外部也可以访问了？是因为这个变量存进了这个函数里吗？再看剩下 3 个函数：

```
print(fl[-2]())
#3
```

```
print(fl[-3]())
# 3
print(fl[-4]())
# 3
```

为什么全是 3？i 明明是从 0 增加到 3 的。这里体现了闭包的两个特性：
- 内部变量被保留了下来（在内存里），可以在函数外部访问到；
- 惰性特点，内部变量被保留的只是最终状态。

很显然，当用户调用 fl() 函数的时候，i 早已经变成了 3。而闭包直到函数调用时刻才会去读取 i 的值，当然最后全部是 3 了。

巧妙地利用闭包可以收获很大的简洁性，然而，使用不当则会造成很多问题，前面所讲的惰性就可能造成一定的问题。而闭包的另一大问题是将函数内部变量保存下来，不再销毁，这会导致内存占用量上升，严重情况下可能会造成内存泄漏。此外闭包让调试也变得更困难（试想一下，你会想起函数外面的变量 i 居然是定义在一个函数内部的变量吗？）。所以虽然闭包构建了函数内外的桥梁，但不合理地过桥可能会压垮你的程序。

### 3.1.7 偏函数

这里的偏函数并不是数学上的偏函数，而是指用户可以为一个函数指定默认的调用参数，将其作为一个新的函数进行使用，这样用户在调用时可以调用新函数而不必总是为旧函数的参数赋值。例如，求幂函数要求两个参数做输入，一个底数，一个幂。我们可以利用偏函数生成一个专门负责求以 3 为底的各个幂次的偏函数：

```
import math
print(math.pow(3, 3))
# 27.0
print(math.pow(3, 4))
# 81.0
# 直接生成一个求以 3 为底的各个幂次的新函数
import functools
pow3 = functools.partial(math.pow, 3)
# pow3 只接收一个参数，即幂次
print(pow3(3))
# 27.0
print(pow3(4))
# 81.0
print(pow3(5))
# 243.0
```

有人问，可以生成一个求任意数的 4 次幂的新函数吗？答案是可以，用 partial 做不到，因为 pow 只支持关键字参数。来看一下怎么用闭包实现：

```python
import math
ppow = lambda y: lambda x: math.pow(x, y)
pow4 = ppow(4)
pow4(2)
# 16.0
pow4(3)
# 81.0
pow4(4)
# 256.0
```

下面以一个小例子体会函数式编程思维:例如,给出一个数,在一个序列中找到距离这个数最近的一项并输出:

```python
import random

l = [433, 787, 868, 915]
f = random.random() * 1000
# 生成一个1 000 以内的随机数
print(f)
# 790.9193597866413
```

过程式思维是这样的,循环去用 f 减 l 的每一个值,找到差值最小的一个就是距离最短的一个:

```python
out = l[0]
dist = abs(f - out)

for ele in l:
    d = abs(f - ele)
    if dist > d:
        dist = d
        out = ele
print(out)
# 787
```

函数式思维不会循环列表,解决这个问题可以先将序列 l 映射为一个到 f 距离的序列(map),再从中找出最小值的索引(argmin),返回 l 中的该元素:

```python
def argmin(seq):
    import operator
    return min(enumerate(seq), key = operator.itemgetter(1))[0]

out = lambda f, l: l[argmin(map(lambda x: abs(x - f), l))]
print(out(f, l))
# 787
```

## 3.2 进　　阶

### 3.2.1 嵌套函数

在 3.1 节中我们提到,函数可以作为参数传递,也可以在另一个函数的内部定义并返回来变成一个新的函数:

```
def wrap(func1):
    print('In wrap')
    def func2():
        print('In func2')
        func1()
        print('After func1')
    print('Return from wrap')
    return func2

def func():
    print('hello')

func2 = wrap(func)
# In wrap
# Return from wrap
func2()

# In func2
# hello
# After func1
```

wrap()接收一个函数作为参数,并返回一个新定义的函数 func2()。在 func2()里调用了 wrap()接收的函数参数 func1()。通过打印结果我们可以清楚地跟踪到函数的执行流程。那么,在函数中传递函数、定义函数、返回函数有什么实际意义吗?

假设我们想统计一些函数的执行时间,可以在函数体的开头和结尾分别获取一个时刻值,再相减即可得到这段函数执行的时间:

```
import time

def func1():
    start = time.time()
    # 实际函数体
    # 这里为了体现时间直接休眠 1 s
```

```
        time.sleep(1)
        end = time.time()
        print('Time consumed: {}'\
            .format(end - start))

func1()
# hello
# Time consumed: 1.000394582748413
```

试想一下,如果有100个这样的函数都需要统计时间,上述写法的弊端就体现出来了,即出现了重复性代码。此外,上述代码也破坏了原函数的封闭性。有没有什么办法能够一劳永逸地解决这个问题呢? 统计时间的流程是这样的,先获取起始时间,再执行目标函数,获取结束时间。这个流程是不是和上面例子里的func2()一样呢? 按照上面func2()的方式改写一下:

```
import time

def wrap(func):
    def new_func():
        start = time.time()
        func()
        end = time.time()
        print('Time consumed: {}'.format(end - start))
    return new_func

def func1():
    time.sleep(1)

new_func1 = wrap(func1)
new_func1()
# Time consumed: 1.0008351802825928
```

这样,我们相当于为func1()包装了一层(所以叫wrap),统计了一下时间。这样,有再多的函数需要统计时间,也只是在不改变函数内部的基础上增加一行代码包装:

```
new_func2 = wrap(func2)
new_func3 = wrap(func3)
new_func4 = wrap(func4)
```

利用这一特性,我们可以很方便地扩展代码功能。

## 3.2.2 装饰器@

Python为上述函数式特性增加了一个语法糖实现:装饰器。我们可以通过@符号来为一个函数指定一个装饰函数 wrap()。在上例中,我们可以在 func1() 的定义位置指定使用 wrap 装饰器,然后直接用 func1() 调用就是新函数的结果:

```
@wrap
def func1():
    time.sleep(1)

func1()
# Time consumed: 1.0009453296661377
```

相当于这样的过程 func1=wrap(func1),是不是更简洁了?

## 3.2.3 带参数的 func1()

通常,函数都是有参数的,要装饰的函数自然也不例外,那这些函数如何传递呢?答案是利用可变参数传递:

```
import time

def wrap(func):
    def new_func(*args, **kwargs):
        start = time.time()
        func(*args, **kwargs)
        end = time.time()
        print('Time consumed: {}'.format(end - start))
    return new_func

@wrap
def func1(a, b):
    print(a)
    time.sleep(1)
    print(b)

func1('hi', b='hello')
# hi
# hello
# Time consumed: 1.000152349472046
```

这里可能有人会有疑问,为什么可变参数加到了 new_func() 上面而不是 wrap() 上面?因为最终实际上用 new_func() 代替了 func1() 函数,真正调用执行的是 new_func() 函数,自然参数要传递给它。由于 Python 存在可变参数,我们大可不必担心函数会遗漏某些参数,并且原始函数的参数列表也丝毫没有改变。

自然地,func1() 的返回值也可以在 new_func() 中返回来。

装饰器返回值示例

### 3.2.4 带参数的装饰器

有时候,我们不只需要统计时间,可能我们还需要让某个函数重复执行几次,或者说,我们需要给 wrap() 传递一些参数来控制装饰的过程,例如,想让 new_func() 执行 $n$ 次,那么我们需要在 wrap() 之上再包装一层,专用于接收参数,再把 wrap() 返回去:

```python
def times(n = 5):
    def _wrap(func):
        def new_func(*args, **kwargs):
            for i in range(n):
                func(*args, **kwargs)
        return new_func
    return _wrap
```

这样我们可以为 times 传递参数 n 来指明究竟要调用几次:

```python
@times(3)
def func1(a):
    print(a)

func1(a = 'hello')
# hello
# hello
# hello

# times 自带默认参数
@times()
def func1(a):
    print(a)

func1(a = 'hi')
# hi
# hi
# hi
# hi
# hi
```

细心的读者可以看出,这里 times 使用了闭包。

### 3.2.5 装饰器组合

一个函数可以应用多个装饰器,这些装饰器依照书写位置自下而上调用,例如,我们利用上面的 times 和 wrap 来定义一个函数:

```
@times(3)
@wrap
def func():
    time.sleep(1)
    print('hi')

func()
# hi
# Time consumed: 1.0003962516784668
# hi
# Time consumed: 1.0006020069122314
# hi
# Time consumed: 1.0000085830688477


@wrap
@times(3)
def func():
    time.sleep(1)
    print('hi')

func()
# hi
# hi
# hi
# Time consumed: 3.0017807483673096
```

看到区别了吗？下方的装饰器会先被调用。将最后例子的流程用函数调用方式来说明是这样的：

```
func = wrap(times(3))
```

前面提到过，函数可以定义帮助文档，并通过 help() 查看（或通过 func.__doc__ 查看一个函数的文档）。现在来看一下经过装饰器装饰后的函数文档变成了什么：

```
def func1(a):
    'This is a func'
    print(a)


print(func1.__doc__)
#'This is a func'


@times()
def func1(a):
    'This is a func'
```

```
        print(a)

print(help(func1))
# None
```

再看一下这个函数叫什么：

```
print(func1.__name__)
# new_func
```

这是因为经过装饰的函数已经变成了装饰器中定义的函数，所以不论函数名称还是文档都已经变成新函数的相应内容了。那么，如何让经过装饰器的函数能够保留旧函数的这些内容呢？利用标准库中的 functools.wrap 装饰器。

标准库 functools.wrap 中 wrap 装饰器示例

## 3.2.6 保留签名

对于如下一个普通的装饰器：

```
def decorator(func):
    def wrapper(*args, **kwargs):
        print('This is wrapper function')
        return func(*args, **kwargs)
    return wrapper

@decorator
def func(a):
'''Docstring of function func

    Args:
        a (any): first parameter
    Returns:
        any: a
    '''
    print(f'This is original function with {a}')
    return a

func(1)
# This is wrapper function
# This is original function with 1
```

我们知道，装饰器的写法等价于：

```
func = decorator(func)
# decorator()返回一个 wrapper 函数，标识符 func 指向这个函数对象
```

但是,经过装饰的函数,其元数据(参数列表、docstring 等)变成什么了呢?如果我们去掉 @decorator:

```
help(func)
# Help on function func in module __main__:
#
# func(a)
#     Docstring of function func
#
#     Args:
#         a (any): first parameter
#     Returns:
#         any: a

from inspect import signature
print(signature(func))
# (a)
```

而加上装饰之后再运行:

```
help(func)
# Help on function wrapper in module __main__:
#
# wrapper(*args, **kwargs)
print(signature(func))
# (*args, **kwargs)
```

这是因为 func 标识符指向了 decorator 所返回的函数 wrapper() 上了,所以 help() 或 signature() 查看的是 wrapper() 函数的信息。这样的装饰器虽然在功能上没有问题,但是其他使用者无法获知函数的使用方式。如果希望在装饰之后还可以保留被装饰函数的元数据,需要使用 functools 标准库下的 update_wrapper 方法。

利用 update_wrapper 更新函数元数据

update_wrapper 的实现方式是将被装饰函数的元信息(__doc__、__name__ 等)直接替换进装饰函数中。update_wrapper 也有一种替代写法,即利用 functools.wraps 装饰器。

@wraps 为装饰器增加了一个属性 __wrapped__,其内容为被装饰的函数:

利用 wraps 保留

```
print(func.__wrapped__.__doc__)
# Docstring of function func
```

需要注意的是,在 Python 3.4 版本以前,__wrapped__ 并非一定指向的是被装饰的函数,这是因为某些装饰器可能自身就定义了 __wrapped__ 属性,把被装饰函数覆盖掉了(例如 @lru_cache)。幸运的是,这一 bug 在 Python 3.4 版本被修复。结论是,在 Python 中,只要编写装饰器,就应当采用 @wraps。

## 3.2.7 保持函数参数一致

在编写装饰器的过程中,一个比较常见的问题是装饰函数与被装饰函数的参数列表是可以不一致的:

```python
from functools import wraps
def decorator(func):
    @wraps(func)
    def wrapper(a, b, c):  # 这里可以随意定义
        return func(a, b)
    return wrapper


@decorator
def func(a, b):  # 这里也可以随意定义
    print(a, b)
```

这里,func()和wrapper()的参数列表是不一致的,所以用户只能按照wrapper()的参数列表去调用func(),但是用户从func()的帮助信息中只能看到a、b两个参数,这就导致了不一致的问题。当然,我们可以将wrapper定义为*args和**kwargs,这样,只要使用者按照函数的文档来调用函数,就不会出问题:

```python
from functools import wraps
def decorator(func):
    @wraps(func)
    def wrapper(*args, **kwargs):
        return func(*args, **kwargs)
    return wrapper


@decorator
def func(a, b):
    print(a, b)

func(1, 2)
# 1 2
func(1)
# TypeError: func() missing 1 required positional argument: 'b'
```

这样的方式存在一定的问题,就是异常抛出仅发生在真正调用被装饰函数的时候,所有位于调用之前的程序都会被执行。通常,我们更希望在装饰函数调用时刻就抛出参数不符的异常,这符合普通函数的执行过程。要实现这一点,我们需要将被装饰函数的参数列表绑定到装饰函数的参数列表上。

绑定目标函数参数列表至装饰函数上

在decorator中,我们首先利用signature获取了func()的函数签名(即参数列表),然后构建了一个Signature对象。Signature对象只能利用一个具有Parameter对象的元组来初始

化,而一个 Parameter 对象表示函数的一个参数。所以我们最终获得的 sig 即函数 func() 的签名对象。在 wrapper 中,我们将 sig 绑定到可变参数 *args 和 **kwargs 上,这样,如果可变参数列表同 sig 不一致,就会抛出 TypeError 异常。

### 3.2.8 可选参数装饰器

所谓可选参数,即装饰器可以选择带参数,也可以选择不带参数的直接装饰,例如:

```
@decorator
def func(): pass
```

或者:

```
@decorator(param = 1)
def func(): pass
```

两者的实现方式是不同的,如果希望装饰器能够接收参数,那么需要两层函数的嵌套,而普通的装饰器仅需要嵌套一层函数定义。这里我们尝试将两种模式集中在一起,从而实现程序的一致性。需要指出的是,额外的参数只能以关键字参数方式提供。

装饰器接收可选参数

在示例中,decorator 的两种装饰方法,分别可以拆成:

```
func1 = decorator(func1)
func2 = decorator(param = 2, param2 = False)(func2)
```

func1 和普通的装饰器没有区别,我们来看一下 func2 的装饰流程。首先,在 decorator 中 func 为 None,所以会进入 if 中,并利用偏函数 partial() 将已经接收的参数 param 和 param2 绑定到 decorator 中,将新版本的 decorator 再次返回,亦即

```
func2 = decorator(param = 2, param2 = False)(func2)
     = decorator(func2, param = 2, param2 = False)
```

为什么要加"*"? 因为后边的参数必须是关键字参数,否则,第一个位置的参数会被 decorator 认为是 func 而导致错误。

## 3.3 生成器

### 3.3.1 迭代器回顾

首先回顾迭代器这个概念(如果之前未接触过该概念,请在本书第 4 章中查阅)。迭代器是指具有特殊方法 __next__ 和 __iter__ 的类。迭代器对象可以一次一个地输出结果:

```python
class LetterIter:
    def __init__(self, start, end):
        self.start = ord(start)
        self.end = ord(end)
    def __iter__(self):
        return self
    def __next__(self):
        if self.start != self.end + 1:
            cur = self.start
            self.start += 1
            return chr(cur)
        else:
            raise StopIteration

for l in LetterIter('A', 'Z'):
    print(l)

# A
# B
# ...
# Z
```

上述代码一个最大的不足是长度,所以下面我们给出一个精简的解决方案:生成器。

## 3.3.2 生成器

生成器(generator)是一类特殊的函数。该类函数具有 yield 关键字,返回的是一个生成器迭代器对象(generator iterator)。这里需要明确两个概念:生成器指的是函数,而生成器迭代器对象指的是生成器返回的对象。之所以称为生成器迭代器对象是为了避免歧义(生成器本身就是一个函数对象),不过为了方便,本书后续均称呼其为生成器对象。例如,下面的这个函数就是生成器,它的返回值就是一个生成器(迭代器)对象:

```python
def gen_letter(start, end):
    start, end = ord(start), ord(end)
    while start != end + 1:
        yield chr(start)
        start += 1

generator_iterator = gen_letter('A', 'Z')
print(generator_iterator)
# < generator object gen_letter at 0x000002B152FCA258 >
```

对于普通函数而言,利用小括号可以运行一个函数,且运行到 return 语句就会返回一个值：

```
def normal():
    return 1

print(normal())
# 1
```

对于生成器而言，小括号不会调用函数，而是告诉解释器，生成一个生成器对象（与通过一个类生成一个对象的过程一样）。那么，这个对象要怎样使用呢？

与普通的函数不同，生成器对象需要调用 send() 或 __next__() 方法后才会执行生成器本身。函数在执行 yield 语句时，会将 yield 后面的值返回去，并且函数会挂起在 yield 的位置，直到外部给出继续执行(__next__() 或 send())的指令：

```
def gen_letter(start, end):
    print('Start to execute')
    start, end = ord(start), ord(end)
    while start != end + 1:
        print('Before yield')
        yield chr(start)
        print('After yield')
        start += 1
gen = gen_letter('A', 'Z')
print(gen.__next__())
# Start to execute
# Before yield
# A
print(gen.send(None)) # send() 需要接收一个参数
# After yield
# Before yield
# B
```

从运行结果可以看出，gen_letter('A', 'Z') 并没有执行函数体（无任何打印信息），第一次调用 __next__ 时，函数体开始执行，从打印结果可以清楚地看出，函数执行到 yield 语句，返回字母 A 后就停止了。而当继续调用 send(None) 时，函数又从 yield 语句开始执行。循环回到 yield 后，返回字母 B，函数又停止了。这便是生成器最基础的运行流程。

### 3.3.3 对比迭代器

生成器对象具有 __next__ 方法，那么它如果拥有 __iter__ 方法，按照迭代器的定义，它就属于迭代器：

```
print(hasattr(gen, '__iter__'))
# True
```

生成器对象本身就是一种迭代器,只不过这类迭代器是通过函数与 yield 关键字的形式定义的,而不是以类的形式。既然是迭代器,那么它就可以利用 for 语句来循环迭代:

```python
def gen_letter(start, end):
    start, end = ord(start), ord(end)
    while start != end + 1:
        yield chr(start)
        start += 1

generator_iterator = gen_letter('A', 'Z')
for l in generator_iterator:
    print(l)
# 'A'
# 'B'
# …
# 'Z'
```

### 3.3.4　send 方法

__next__ 可以让一个生成器对象产生一个值,那么 send 又是做什么用的呢?为什么 send 还需要一个参数? 其实,yield 关键字不止可以生成一个值,还可以从外部接收一个值,而接收值的方式就是使用 send 方法传递:

```python
def counter(maximum):
    i = 0
    while i < maximum:
        val = (yield i)
        print('Get a value {} from outside the generator'.format(val))
        # If value provided, change counter
        if val is not None:
            i = val
        else:
            i += 1

c = counter(10)
print(c.__next__()) # 必须调用一次 next 才开始执行
# 0
print(next(c))
# Get a value None from outside the generator
# 1
print(c.send(2))
# Get a value 2 from outside the generator
# 2
```

```
    print(c.send(None))
# Get a value None from outside the generator
# 3
```

在本例中,我们利用一个变量保存了 yield 语句的返回值,在外部,当我们调用 __next__ 时,我们发现接收到的值是 None。后续我们利用 send 方法传递了两个值,从打印结果可以看出,两个值都成功地被接收到了。从这里我们可以看出:

➤ send 可以向生成器传递数据;

➤ next 相当于 send(None)。

这里存在一个比较重要的问题:生成器的启动。前面的例子都是以 __next__ ,也就是 send(None)方式启动的,如果我们使用 send 一个值的方法启动会有什么样的效果呢?

```
c1 = counter(10)
c1.send(10)
# TypeError: can't send non-None value to a just-started generator
```

解释器报错了,错误说明无法为一个刚刚开始的生成器对象发送一个非 None 的值。这个错误产生的原因起源于自生成器的特别执行方式。在启动时,生成器函数从第一行开始执行到 yield 行,也就是"val=(yield i)"这一行。而这一行不是完全执行的,根据生成器的说明,它执行完"yield i"之后就立刻停下来了,直到下一次 send 或 next 再执行"val="这半句话。所以,我们在生成器对象启动时就 send 一个值,根本无法将其赋给 val。Python 在这里的处理方式是只允许 None 发送进来,其他的值全部报错。因而,我们只能利用 send(None)或 next()两种方式启动一个生成器。

## 3.3.5 throw 和 close

除 send 之外,生成器对象还存在两个特殊的方法:throw 和 close。throw 用于在生成器中抛出异常,而 close 用于提前结束生成器对象的循环:

```
def counter(maximum):
    i = 0
    while i < maximum:
        try:
            val = (yield i)
        except ValueError:
            print('Error catched')

c = counter(10)
c.__next__()
c.throw(ValueError)
#'Error catched'

c.close()
```

```
c.__next__()
# StopIteration
```

## 3.3.6 示例:斐波那契数列

在 Python 生成器应用中一个比较经典的例子就是斐波那契数列(Fibonacci numbers)的生成。斐波那契数列是一个无穷数列,它的特点是从第三项开始,每一项都是前面两项的和。Python 的迭代器和生成器很适合处理这类无穷数列问题。我们来看一下如何利用生成器实现一个斐波那契数列生成器。

```
def fib():
    a = b = 1
    while True:
        yield a
        a, b = b, a + b

f = fib()
for n in f:
    print('{}'.format(n), end = ' ')
    if n > 100:
        f.close()
        break

# 1 1 2 3 5 8 13 21 34 55 89 144
```

这里稍作一点解释,"yield a"我们都知道是将 a 返回并暂停,而"a, b=b, a+b"的作用是将 b 赋给 a,同时将 a+b 赋给 b,相当于以两个数来看这个数组的话,一开始是 a 和 b,而下一时刻则变成了 b 和 a+b。这样我们就获得了一个动态的斐波那契增长方式,是不是很简单?

## 3.3.7 生成器代替闭包

在上一小节中,我们介绍了在 Python 中如何利用闭包在函数中保存状态信息。闭包能够在一些情况下简化程序。不过,Python 生成器也能够实现相同的功能。生成器在形式上指具有 yield 表达式的函数(严格来说,生成器与函数没有任何关系,只是沿用了函数定义的形式)。生成器会返回一个生成器对象,并通过 next 或 send 来使用。当解释器运行一个生成器对象时,会先运行至 yield 表达式位置并暂停,直到下一次调用 next 或 send。这样,生成器就为我们保存状态提供了一个实现机制。

我们先来看一个例子:

```
def class_dec(cls):
    ins_count = 0
    def count( * args, ** kwargs):
```

```
            nonlocal ins_count
            ins_count += 1
            print(f'Instance number: {ins_count}')
            return cls(*args, **kwargs)
    return count
```

这个装饰器可以记录实例的数量,我们利用生成器来改写一下它:

```
def dec(cls):
    ins_count = 0
    args, kwargs = yield
    while True:
        ins_count += 1
        print(f'Instance number: {ins_count}')
        args, kwargs = yield cls(*args, **kwargs)


@dec
class A:
    def __init__(self, *args, **kwargs):
        for key, val in kwargs.items():
            setattr(self, key, val)
```

注意 yield 关键字,yield 之后的部分会返回给调用者,而 yield 之前的部分会接收调用者 send 来的数据。函数 dec() 作为装饰器作用在类 A 后,结果 A 成了一个生成器对象。那么,怎么创建类的实例呢?具体如下:

```
A.send(None)
args = (1, 2, 3)
kwargs = {
    'k': 'b',
}
a = A.send((args, kwargs))
# Instance number: 1
print(a)
#<__main__.A object at 0x7f3b95ae6198>
print(a.k)
# b

b = A.send((args, kwargs))
# Instance number: 2
print(b)
#<__main__.A object at 0x7f3b95b15a90>
```

首先,我们需要利用 A.send(None) 来激活生成器对象,它将运行至第一个 yield 语句暂停;其次,第二次 send 之后可以为 args 和 kwargs 赋值并执行到 while 中的 yield 处,产生第一个实例 a 并暂停;最后调用开始重复 while 循环语句块中的内容,这样实例数量就被保存了下来。

采用生成器的优点在于,仅用一个函数(实际上是生成器)就完成了功能,缺点则在于难以理解。我们再看一个更简单的例子,请扫二维码。

利用生成器实现闭包功能

### 3.3.8 生成器代替递归

所谓递归,即递归(在函数体中调用函数自身)。递归可以将一些复杂的循环逻辑程序转化为简洁的形式。例如,展开一个嵌套的列表:

```
from collections.abc import MutableSequence
lst = [[1, 2, [3, 4, [5, 6, ['ab', True], ['c']]], [None]]]
def flatten(lst):
    flst = []
    for l in lst:
        if isinstance(l, MutableSequence):
            flst += flatten(l)  # 递归
        else:
            flst.append(l)
    return flst

print(flatten(lst))
[1, 2, 3, 4, 5, 6, 'ab', True, 'c', None]
```

然而,递归的方式存在一定的问题。首先,递归速度较慢,且会占用大量栈空间;其次,特别地,Python 并不会针对尾递归进行优化;最后,递归的深度是受限的。

```
# 生成一个 1 000 层嵌套的列表
def gen_reclst(total):
    if total:
        return [gen_reclst(total - 1)]
    else:
        return [1]

print(gen_reclst(0, 5))
[[[[[[1]]]]]]
print(gen_reclst(0, 1000))
# RecursionError: maximum recursion depth exceeded in comparison
```

解决递归问题,一种方式是改写为循环结构,例如上例:

```
def gen_reclst(total):
    lst = tmp = []
    for _ in range(total):
```

```
            tmp.append([])
            tmp = tmp[0]
        else:
            tmp.append(1)
    return lst

print(gen_reclst(5))
[[[[[1]]]]]
```

另一种方式则是改为生成器的形式，例如 flatten：

```
def flatten(lst):
    for l in lst:
        if isinstance(l, MutableSequence):
            yield from flatten(l)
        else:
            yield l

print(list(flatten(lst)))
[1, 2, 3, 4, 5, 6, 'ab', True, 'c', None]
```

或是上例产生嵌套列表：

```
def gen_lst(total):
    if total:
        yield list(gen_lst(total - 1))
    else:
        yield [1]

g = gen_lst(5 - 1)
print(g.send(None))
[[[[[1]]]]]
```

但是，上面生成器的程序并没有解决递归深度的问题：

```
g = list(gen_lst(1000))
# RecursionError: maximum recursion depth exceeded
```

下面我们给出一个解决方案，即利用生成器处理递归深度受限的问题。直接给出程序[1]，请扫二维码。

在最后一步中，由于嵌套 1 000 次的列表不可以正常打印（打印嵌套列表的操作也会递归进行），我们利用另一种方式验证生成的列表的确为嵌套 1 000 次的列表：

利用生成器实现 1 000 次深度递归

---

[1] 参考 *Python Cookbook*，第 3 版，8.22 节。

```
nested = loop(gen_lst(1000))
count = 0
while True:
    nested = nested[0]
    if nested == 1:
        print(f'Total nested depth: {count:,}')
        break
    count += 1

# Total nested depth: 1 000
```

《Python Cookbook》(第 3 版,David Beaz Ley 和 Brain K. Jones 著)对上例给出了较为详细的解释,这里仅做一些简单的说明。实际上,我们通过一个列表模拟了栈空间,并将递归中的函数调用操作转变为了生成器的生成操作。首先,在嵌套遍历的过程中,我们将每个首先遇到的生成器对象都放进了栈中,并在该生成器耗尽后(StopIteration)使它出栈,由于列表没有长度限制,所以无论多深层次的嵌套都可以实现。其次,gen_lst 不存在函数调用的问题,取而代之的是生成器对象的执行,两者的区别在于,函数递归调用时会占用大量的栈空间来保存函数状态,而生成器对象在执行到 yield 后是由对象本身来保存状态的(在 CPython 中对象保存在堆空间中)。通常,操作系统中栈空间的大小是受限制的,而堆空间的大小则不受限制,这也是为什么 Python 存在递归限制,而不存在对象数量的限制。

## 3.4 生成器代理

本节为大家介绍 yield from 语法的内容。

### 3.4.1 yield

我们在之前介绍过 yield 关键字的作用。它用于将函数转变为生成器对象,从而可以在函数运行的过程中挂起,并与外部调用者进行交互。来回顾一个例子:

```
def count_down(n):
    print('Starts')
    while n:
        yield n
        n -= 1
    print('Ends')


c = count_down(10)

print(c.send(None))
```

```
# Starts
10

print(next(c))
9

print(c.__next__())
8

for i in c:
    print(i, end = '')
7 6 5 4 3 2 1 Ends
```

可以看出,生成器可以直接进行迭代。

## 3.4.2 嵌套列表

那么,我们考虑一下如何利用生成器解决嵌套列表展平问题。我们先利用传统的方式来尝试解决,例如,将下面的嵌套列表展开:

```
a = [1, [2, [3, ['abc', [4, 5]], [6]], 7], 9]
```

展开为

```
a = [1, 2, 3, 'abc', 4, 5, 6, 7, 9]
```

很显然,我们需要递归来展开:

```
import collections.abc as abc

def flatten(lst):
    flst = []
    for e in lst:
        if isinstance(e, abc.MutableSequence):
            flst += flatten(e)
        else:
            flst.append(e)
    return flst

print(flatten(a))
[1, 2, 3, 'abc', 4, 5, 6, 7, 9]
```

flatten()最终返回了一个列表。既然返回了列表,我们就可以将它改写为生成器的形式,使得它每次只返回一个值。下面我们先利用 yield 实现:

```python
def flatten(lst):
    for e in lst:
        if isinstance(e, abc.MutableSequence):
            for se in flatten(e):
                yield se
        else:
            yield e

for e in flatten(a):
    print(e, end=' ')

1, 2, 3, 'abc', 4, 5, 6, 7, 9
```

我们通过 isinstance 条件判断元素 e 是否还需要继续拆分,如果需要,那么通过递归的方式继续深入。这里 flatten(e)正如 flatten(a)一样,将 e 展开并获得一个生成器;而"for se in flatten(e)"则迭代这一生成器,"yield se"将该生成器的内容作为一个新的生成器返回去。

和前面对比我们可以发现,虽然 e 还可以继续展开,但我们不得不再次迭代 flatten(e)这个子生成器,然后将结果 yield 出去,导致 for 循环中嵌套了 for 循环,显得很"臃肿"。为了简化,Python 3.3 新增加了一个语法 yield from,允许我们直接从子生成器生成元素,而不必显式遍历:

```python
# Python 3.3+
def flatten(lst):
    for e in lst:
        if isinstance(e, abc.MutableSequence):
            yield from flatten(e)
        else:
            yield e

for e in flatten(a):
    print(e, end=' ')

1, 2, 3, 'abc', 4, 5, 6, 7, 9
```

可以看出,yield from 使得代码变得更加清爽,在上面这种生成器嵌套的环境中,yield from 就等价于 for…in…: yield,它返回的依旧是一个普通的生成器,可以迭代:

```python
def subgenerator():
    for i in range(10):
        yield i

def generator():
    for i in subgenerator():
```

```
        yield i

def yieldfrom():
    yield from subgenerator()

for i in generator():
    print(i, end = '')
0 1 2 3 4 5 6 7 8 9

for i in yieldfrom():
    print(i, end = '')
0 1 2 3 4 5 6 7 8 9
```

## 3.4.3 生成器代理

当然,yield from 的诞生远不是这么简单的理由。我们知道生成器可以同调用者进行交互,这里我们建立一个能够向文件持续写入数据的生成器。要求这个生成器能够捕获结束的异常标志,并给出提示:

```
def record():
    with open('temp', 'w') as f:
        while True:
            try:
                data = (yield)
            except StopIteration:
                print('Data ends here')
            else:
                f.write(data)
```

之后我们再建立一个生成器,这个生成器能够接收文本数据并将其传递给 recorder,由 recorder 将数据写入文件。这里的 wrap 并未做任何事请,只是简单地进行了透明传输,仅用于说明:

```
def gendata(recorder):
    recorder.send(None)
    while True:
        data = (yield)
        recorder.send(data)
```

我们尝试使用一下,这里我们需要手动 throw 一个 StopIteration:

```
recorder = record()
wrapper = wrap(recorder)

wrapper.send(None)
```

```
        for data in 'abcd':
            wrapper.send(data)
    else:
        wrapper.throw(StopIteration)
    # RuntimeError: generator raised StopIteration
```

查看一下 temp 文件，发现 abcd 已经成功写入了，但是异常并没有正确地被内层生成器捕获，原因很简单，wrap 并没有把异常传递进去，所以我们需要改写一下 wrap：

```
def wrap(recorder):
    recorder.send(None)
    while True:
        try:
            data = (yield)
        except StopIteration as e:
            recorder.throw(e)
        else:
            recorder.send(data)
```

再试一下上述代码：

```
# Data ends here
```

异常被正确地捕获了，temp 文件中的内容也被正常写入了，然而 wrap 着实有些冗余。wrap 用于为外层调用者和内层生成器（子生成器）提供一个透明的代理，即 wrap 可以传递数据和异常。yield from 的出现解决了这一"臃肿"的问题：

```
def wrap(recorder):
    yield from recorder
```

再来试试：

```
# Data ends here

# temp
abcd
```

效果一模一样。

实际上，关于 yield from 的功能还远没有介绍完整，我们在未来的并发编程中还会继续介绍如何利用 yield from 获取结果的值。

## 3.5 闭 包

要详细说明闭包，我们需要先对 Python 中的命名空间和作用域进行理解。

## 3.5.1 命名空间与作用域

Python 中的命名空间(namespace)实际上是一个字典,以键值对的形式存储了一定范围内所有的标识符,从而避免同名冲突。命名空间所作用的程序范围称为作用域。例如,在一个模块下直接定义的标识符存在于模块的全局命名空间中,而在函数中定义的标识符则存在于局部命名空间中,一些内建函数(如 abs)则存在于内建命名空间中。

```
# main.py
a = 1
def func():
    print(a)
    b = 2
func()
# 1
print(b)
# NameError: name 'b' is not defined

print(abs)
# <built-in function abs>
```

那么,如何查看命名空间中存在哪些标识符呢? 采用 dir() 内建函数:

```
# 查看全局命名空间
a = 1
def func():
    b = 2

print(dir())

# ['__annotations__', '__builtins__', '__cached__', '__doc__', '__file__', '__loader__', '__name__', '__package__', '__spec__', 'a', 'func']

# 查看局部命名空间
def func():
    b = 2
    def inner(): pass

    print(dir())

func()
# ['b', 'inner']
```

Python 会按照 LEGB(Local, Enclosing, Global, Built-ins)沿着局部命名空间→全局命

名空间→内建命名空间的顺序去寻找一个标识符的定义,也就是说,定义于局部命名空间的标识符会覆盖全局命名空间的同名标识符,定义于全局命名空间的标识符会覆盖同名的内建命名空间标识符:

```
a = 1
abs = 2

def local():
    b = 1
    a = 3
    print(a)

local()
# 3
print(a)
# 1
print(abs)
# 2
```

局部命名空间在函数调用结束后就会消失,因而局部变量无法在全局命名空间中使用(上例中的 a),但是全局变量可以通过在函数内访问得到。

下面来看一个问题:

```
a = 1
def func():
    print(a)
    a = 3
    print(a)
func()
```

上面调用的结果是什么?

```
UnboundLocalError: local variable 'a' referenced before assignment
```

为什么第一个 print 不能使用全局变量呢,Python 不是一行行执行的吗?这是因为,在 Python 解释器执行程序之前,Python 已经预先将函数内的标识符 a 指定为局部变量,它会覆盖掉全局命名空间中的 a;在执行时,第一次 print 时 a 还没有和对象 3 绑定(仅仅知道它是一个局部变量),所以会产生错误。

## 3.5.2 global

如何避免上述问题呢?答案是将函数设计为无状态形式,将所有需要用到的外部变量全部作为参数传递给函数。不过,这里我们介绍一下如何在局部命名空间中使用全局变量。

```
a = 1
def func():
    print(a)

func()

def func2():
    a = 2

func2()
print(a)
```

### 3.5.3 nonlocal

因为在函数内可以定义新的函数,所以在 Python 中,局部命名空间是可以嵌套的,即一个局部命名空间可以包含另一个局部命名空间:

```
def func():
    def inner():
        b = 1
        print(dir())
    inner()
    print(dir())

func()
['b']
['inner']
```

然而,和全局命名空间类似,内层的局部命名空间使用外层的局部命名空间的标识符可能出现错误:

```
def func():
    a = 1
    def inner():
        print(a)
        a = 3
    inner()
    print(a)

func()
# UnboundLocalError: local variable 'a' referenced before assignment
```

为了使内层函数能够使用外层的局部变量,我们需要使用关键字 nonlocal 来声明一下,这样,内层的标识符就指向了外层的对象：

```
def func():
    a = 1
    def inner():
        nonlocal a
        print(a)
        a = 3
        print(a)
    inner()
    print(a)
func()
# 1
# 3
# 3
```

可以看出，外层的局部变量也被修改了。

那么，这有什么用吗？我们以上节中的类装饰器统计实例个数为例改写一下，将计数变量从类属性变成函数内局部变量：

```
def class_dec(cls):
    ins_count = 0
    def count(*args, **kwargs):
        ins_count += 1
        print(f'Instance number: {ins_count}')
        return cls(*args, **kwargs)
    return count

@class_dec
class A: pass

a = A()
UnboundLocalError: local variable 'ins_count' referenced before assignment
```

显然，ins_count 在内层函数中被标注为内层局部变量，而 ins_count += 1 先使用了 ins_count，导致产生上述错误。解决办法是 nonlocal：

```
def class_dec(cls):
    ins_count = 0
    def count(*args, **kwargs):
        nonlocal ins_count
        ins_count += 1
        print(f'Instance number: {ins_count}')
        return cls(*args, **kwargs)
```

```
        return count

@class_dec
class A: pass

a = A()
# Instance number: 1
```

## 3.5.4 闭包

上面的装饰器有一个特点,即外层函数内的局部变量(ins_count 和 cls)在外层函数调用结束后通过内层函数被保留了下来。这种通过内层函数引用外层函数变量,并将内层函数返回的方式即闭包。比较常见的是我们可以利用闭包实现工厂函数,例如进行幂运算:

```
def pow_funcs(base):
    def inner(power):
        return pow(base, power)
    return inner

# 生产一批幂运算函数
base2 = pow_funcs(2)
import math
basee = pow_funcs(math.e)
base10 = pow_funcs(10)

print(base2(3))  # 8
print(math.log(basee(5)))  # 5.0
print(base10(4))  # 10 000
```

# 第 4 章 理解对象

## 4.1 面向对象基础

### 4.1.1 面向对象的概念

面向对象是一种编程思想和方法,它将数据和方法绑定在一起作为整体,并具有三大典型特征。

(1) 封装

所谓封装,即一个对象的内部实现是无须,也不应当被外界知晓的,只需要提供必要的接口给外部使用即可。

(2) 继承

继承允许扩展某类对象的功能,使其在拥有父类全部功能的同时,自己能够增加其他的功能。

(3) 多态

同一个操作对不同类型的对象可以产生不同的结果。

### 4.1.2 Python 类基础

Python 是一门面向对象的编程语言,它提供了面向对象编程的各种功能,它的类由关键字 class 定义:

```
class Ball:
    pass
```

可以这样创建类的对象(实际上在 Python 中,对象称为实例):

```
b = Ball()
```

**1. 定义实例的属性和方法**

```
class Ball:
    def __init__(self, a, b):
        self.a = a
        self.b = b

ball = Ball(a = 1, b = 2)
print(ball.b) # 2
print(Ball.b) # AttributeError: type object 'Ball' has no attribute 'b'
```

Python 初始化实例采用特殊方法〔也称作魔法方法（magic methods）〕__init__完成,这样当用户新建实例时,__init__会自动执行。第一个参数 self 指代了实例本身,Python 会隐式地将实例(上例中的 ball)作为 self 参数传递给__init__。当然,self 是一个约定俗成的写法,用户可以用任何标识符替代。而在类中,若要访问实例的属性或方法,同样需要通过 self 以点运算符"."访问(上例中的 self.a)。事实上,任何一个实例属性或方法的定义或使用,都要用 self:

```
class Ball:
    def play(self):
        print('play ball')

ball = Ball()
ball.play() # play ball
```

为什么要有 self？self 表明了属性和方法限于实例下,它实际上是这样的过程:

```
Ball.play(ball) # play ball
```

即由类调用方法,并将实例作为第一个参数传入。当然,如果去掉 self,对应的属性或方法就成了类本身所属的属性和方法:

```
class Ball:
    size = 50 # 类本身的属性
    def play():
        # 类本身的方法
        print('play ball')

ball = Ball()
print(ball.size) # 50
# 上面访问的是类本身的属性,不是实例属性
print(Ball.size) # 50
Ball.play() # play ball
Ball.size = 100 # 由类修改本身的属性,所有实例均会修改(因为实例读取的就是类的属性)
```

```
print(ball.size) # 100
ball.play() # TypeError: play() takes 0 positional arguments but 1 was given
```

实例不能直接访问类本身的方法,因为它会隐式地把实例本身传入 play 并将其作为第一个参数,但是 play 是不需要参数的!想要强行通过实例访问类本身的方法,需要通过实例的 __class__ 属性访问类:

```
ball.__class__.play() # play ball
```

### 2. 私有属性

用户可以通过在属性名前面增加两个下划线让该属性不可以被直接访问(注意这里的用词):

```
class Ball:
    def __init__(self):
        self.__size = 100

b = Ball()
print(b.__size) # AttributeError: 'Ball' object has no attribute '__size'
```

这样,__size 属性看起来仿佛变成私有属性了,但实际上这是假私有,它是可以被访问的。每个实例都有一个 __dict__ 属性,它存储了实例的属性键值对,可以利用它看看 __size 这个属性去了哪里:

```
print(b.__dict__) # {'_Ball__size': 100}
print(b._Ball__size) # 100
```

原来,Python 为每个以双下划线开头的属性都增加了一个下划线加类名的前缀,让它看起来私有了。但是这不是一个好的方法,这会让用户调试起来更加困难。

有时候用户可能会见到以单下划线开头的属性或方法,它们似乎同普通的属性和方法没有区别:

```
class Ball:
    def __init__(self):
        self._size = 100

    def _play(self):
        print('play ball')

b = Ball()
print(b._size) # 100
b._play() # play ball
```

这类属性是 Python 定义的一种弱内部使用提示符(weak "internal use" indicator),用于提示调用者这些属性与方法属于类内部细节,不宜从外部直接调用并使用,但仅用于提示,并不会真正限制访问。此外，如果用户通过 from module import * ，所有单下划线属性与方法均不会被 import 进来。

所以，真正的私有属性在 Python 中是不存在的。这并不意味着 Python 在面向对象封装这个问题上做得不好，实际上这也是 Python 设计的一个初衷——不推荐做复杂的访问控制。Python 有许多封装的方式，后续会持续讲到。

**3. 统一访问原则**

统一访问原则（uniform access principle）的意思是不论后部的实现是方法还是属性，外部对一个属性的访问都具有唯一的标识。例如，需要某个属性实现这样的功能：

> 每次读取的时候都返回＋1 后的结果；
> 每次写入的时候都返回－1 后的结果。

普通的写法：

```python
class Ball:
    def __init__(self, size = 0):
        self.size = size

    def size_getter(self):
        return self.size + 1

    def size_setter(self, size):
        self.size = size - 1

b = Ball(size = 100)
print(b.size_getter()) # 101
b.size_setter(100)
print(b.size_getter()) # 100
```

可以看出，同样是对属性 size 的访问，却出现了两种不同的方法调用的方式。

UAP 怎么实现呢？

```python
class Ball:
    def __init__(self, size = 0):
        self._size = size

    @property
    def size(self):
        return self._size + 1

    @size.setter
    def size(self, size):
        self._size = size - 1

b = Ball(size = 100)
```

```
print(b.size) # 101
b.size = 100
print(b.size) # 100
```

所有操作都直接对属性进行。用户不必再费力去搞清接口究竟是 size_getter 还是 get_size。关于@property装饰器后面会详细介绍。

## 4.2 Python 的特殊方法与协议

在上节中我们提到了一些 Python 类中的特殊方法和属性。__init__用于实例初始化，__dict__存储实例的属性键值对。本节详细介绍一下 Python 中的特殊方法以及协议的内容。

Python 中的特殊方法是指形式上一类由双下划线开头和结尾的方法。这些方法通常不会直接被调用，但却在一致性和鸭子类型等方面"暗中"起着很大的作用。协议（protocol）是指特殊方法所实现的一套功能。例如，__init__特殊方法实现了 Python 中的对象初始化协议，当对象被构造出来后需要初始化时，会自动调用__init__方法进行初始化。正是特殊方法和协议的存在，才构成了 Python 的灵活性。

先来看下面的几个例子，体会一下 Python 中的鸭子类型：

```
print(1) # 1
print('hi') # hi
print([1,2,3]) # [1, 2, 3]
print({'a':'b'}) # {'a':'b'}
```

print()函数打印出了不同类型的数据。问题在于，print()函数是怎么知道输入是整数 1 时打印出 1，而不是打印出别的内容呢？更一般地，面对一个自定义类型，print()怎么办？

```
class Cus:
    pass


c = Cus()
print(c)
# <__main__.Cus object at 0x000001C2729B6A90 >
```

为什么 print()能够操作不同类型的数据？答案便在于字符串转换协议。

### 1. 字符串转换协议

字符串转换协议包括__str__和__repr__两种，它的作用在于让类型具备了作为字符串被操作的能力。这样，当 print()遇到这些类型时，它会去调用某个字符串转换协议，将这些类型转化为字符串并打印出来。

```
class Cus:
    def __str__(self):
```

```
        return 'hi'

c = Cus()
print(c) #'hi'
```

实际上,不仅字符串有转换协议,整数、浮点数等都有类似的转换协议:

```
class A:
    def __init__(self, val):
        self.value = val

    def __int__(self):
        return self.value + 10

    def __float__(self):
        return self.value + 1.0

    def __str__(self):
        return 'Value is: {}'.format(self.value)

    def __bool__(self):
        return False

a = A(0)
print(int(a))   # 10
print(float(a)) # 1.0
print(str(a))   # Value is: 0
print(bool(a))  # False
```

a 是自定义鸭子的一个实例,但是 a 可以被当作整数鸭子、浮点数鸭子、字符串鸭子或者布尔鸭子,因为它实现了对应的协议,所以在使用时,用户不在意 a 是什么鸭子。

### 2. 比较和数值类型协议

现在 a 已经可以作为整数鸭子了,我们试着把它当整数使用一下:

```
print(a + 1)
# TypeError: unsupported operand type(s) for +: 'A' and 'int'
print(a > 1)
# TypeError: unorderable types: A() > int()
```

它不是整数吗?为啥不能进行加、减、比较?实现加、减、比较,需要另一套协议,即比较协议和数值类型协议。这两类协议的数量比较多(每个操作符都有一套协议支撑),这里仅列举几个例子:

```
class A:
    # 接上面的定义
```

```
    def __add__(self, other):
        return self.value + other

    def __gt__(self, other):
        return self.value > other

a = A(0)
print(a + 1) # 1
print(a > 1) # False
```

这样,自定义类型便实现了操作符重载功能。

再看:

```
print(a + a)
# TypeError: unsupported operand type(s) for +: 'int' and 'A'
```

为什么会这样?在 Python 中,上面两个操作使用的是不同的协议,前面是 __add__,后面是 __radd__,即反运算。所谓反运算,即当该对象处于操作符的另一侧时需要实现的协议。每个数值类型(包括位操作协议)都有反运算形式,都是在前面加一个"r"即可,而在通常情况下,没有特殊需求,反运算的实现可以直接通过使用正运算:

```
class A:
    # ...
    def __add__(self, other):
        print('我在前')
        return self.value + other

    def __radd__(self, other):
        print('我在后')
        return self.__add__(other)

print(a + 1)
# 我在前
# 1
print(1 + a)
# 我在后
# 我在前(这里是调用__add__打印出来的)
# 1
```

### 3. 容器协议

获取一个容器的长度可使用 len() 函数:

```
print(len([1, 2, 3])) # 3
print(len((1, 2))) # 2
print(len({'a':'b'})) # 1
```

现在 len() 是否实现了 \_\_len\_\_ 协议？答案为是。

```
len(a)
# TypeError: object of type 'A' has no len()
def __len__(self):
    return len(range(self.value + 10))
A.__len__ = __len__
print(len(a)) # 10
```

在这个例子中我们可以看出 Python 中类的方法是可以动态加减的。在类外部定义的 \_\_len\_\_ 可以在运行时作为 A 的 \_\_len\_\_ 方法。这是 Python 动态性的一大体现。

除了 \_\_len\_\_ 以外，还有一些其他的容器协议，例如反序协议 \_\_reversed\_\_、成员关系判断协议 \_\_contains\_\_ 等。\_\_contains\_\_ 是运算符 in 背后的支撑协议，用于判断一个成员是否隶属于一个可迭代对象：

```
print(1 in [1, 2, 3]) # True
print('a' in ('b', 'c')) # False
print(1 in a)
# TypeError: argument of type 'A' is not iterable
def __contains__(self, value):
    # 看value是否在self里
    return True # 只是个示例，直接返回True
A.__contains__ = __contains__
print(1 in a) # True
```

**4．对象协议**

对象协议有 3 种，控制着对象的生灭：\_\_init\_\_ 用于初始化；\_\_new\_\_ 用于构造（这个后文会细讲）；\_\_del\_\_ 用于析构，即在对象消亡时做一些必要的回收工作。其他一些协议包括：

① 可调用对象协议 \_\_callable\_\_；

② 可哈希对象协议 \_\_hash\_\_；

③ 属性和描述符协议；

④ 上下文管理器协议；

⑤ 迭代器协议；

⑥ 拷贝协议。

上文列举了 Python 中主要的协议（不是全部），这些协议会在后续内容中详细讲述。这些协议为 Python 带来了一致性和灵活性，熟知它们，是 Python 进阶道路上关键的一环。

下面来简单看看如何判断示例的类型。通常，可以用 type() 函数（严格来说，type 是类）来查看：

```
print(type(1)) # <class 'int'>
print(type('a')) # <class 'str'>
print(type(a)) # <class '__main__.A'>
# 为啥有__main__？
```

那么，如何判断一个对象是否属于某个类呢？采用 isinstance()：

```
print(isinstance(a, A)) # True
print(isinstance(a, int)) # False
print(isinstance(1, int)) # True
```

也可以用 issubclass() 函数来判断一个类是否为另一个类的子类（关于继承在后文会讲述）：

```
print(issubclass(A, A))
class B(int): # 这里是单一继承
    pass
print(issubclass(B, int)) # True
```

实际上，isinstance() 和 issubclass() 也是由协议支撑的。

在 Python 中，一切皆对象，即 Python 中存在的一切（除了关键字）都是对象，都有其对应的类型。那么类也是对象吗？函数也是对象吗？我们用 type 验证一下：

```
print(type(A)) # < class 'type' >
def func1():
    pass
print(type(func1)) # < class 'function' >
print(type(type(func1))) # < class 'type' >
```

所有的东西都能找到所属的类，意味着所有的东西都是对象。这里有个奇怪的类 type，似乎最终一切对象都指向了它：

```
print(type(int)) # < class 'type' >
print(type(str)) # < class 'type' >
print(type(list)) # < class 'type' >
```

那 type 是对象吗？它的类又是什么？

```
print(type(type)) # < class 'type' >
```

所以说，在 Python 中，所有内建类型、自定义类型都来自 type 类型，而 type 自身也是 type 类型的一个对象。在 Python 中，type 这种用于产生类的类，被称作元类（metaclass）。元类的知识在平常极少会用到，但是了解原理能够让用户更深入地理解 Python。本章后续会详细讲述元类的内容。

## 4.3　Python 单继承

Python 中继承的语法是通过在类名后的括号内增加父类名实现的：

```python
class Father:
    pass

class Son(Father):
    # 继承于Father
    pass
```

当然，子类会直接继承父类的所有属性和方法：

```python
Father.print_func = print
# 动态绑定方法
s = Son()
s.print_func('hi') # hi
```

子类也能够重写父类的方法：

```python
class Father:
    def print_func(self, content):
        print(content)

class Son(Father):
    def print_func(self, content):
        print('hi')

f = Father()
s = Son()
f.print_func('hello') # hello
s.print_func('hello') # hi
```

查看子类的所有父类，可以直接读取\_\_bases\_\_属性：

```python
print(Son.__bases__)
# (<class '__main__.Father'>,)
```

现在来看一个问题：

```python
class Father:
    def __init__(self, age):
        self.age = age


class Son(Father):
    def __init__(self, height):
        self.height = height


s = Son(100)
```

```
print(s.age)
# AttributeError: 'Son' object has no attribute 'age'
```

很明显，Son 覆盖了 Father 的初始化函数，age 没有初始化，自然无法访问。那在 Son 里要怎么初始化 Father 呢？很简单，直接调用 Father 的 \_\_init\_\_ 方法：

```
class Son(Father):
    def __init__(self, height, age):
        Father.__init__(self, age)
        self.height = height

s = Son(height = 100, age = 10)
print(s.age) # 10
```

这又带来了另一个问题，如果一个 Father 有 100 个子类，突然有一天，Father 类改名叫 Farther 了，那么所有的子类都要修改初始化时的名字。更一般地，如果子类使用了大量父类的方法，每个方法都要修改 Father 这个名字，着实有些困难。所以，Python 提供了一个更好的选择，利用 super：

```
class Son(Father):
    def __init__(self, height, age):
        super(Son, self).__init__(age = age)

s = Son(height = 100, age = 10)
print(s.age) # 10
```

在 Python 3 中，super 不必加任何参数，直接调用 super().\_\_init\_\_ 即可。在后续的多重继承内容中会详细解释 super 本身及参数的意义。在单继承中，只要知道，利用 super 可以调用父类的方法即可：

```
class Father:
    def print_func(self):
        print('I am father')

class Son(Father):
    def print_func(self):
        super().print_func()
        print('I am son')

s = Son()
s.print_func()
# I am father
# I am son
```

但是切记，super 的意义并不是用于调用父类方法。super 也存在一些问题。所以，当用户很明确地确定继承结构,并且很明确地确定继承结构不变时,应当直接用父类名调用父类方法,除非用户很明确地清楚他在用 super 做什么。

下面继续通过例子来看 Python 中类的问题:

```python
class Father:
    def print_age(self):
        print('My age: {}'.format(self.age))


class Son(Father):
    def __init__(self, age):
        self.age = age

f = Father()
f.print_age()
# ???
s = Son(10)
s.print_age()
# ???
```

上述两个调用的结果是怎样的?

```
# AttributeError: 'Father' object has no attribute 'age'
# My age: 10
```

很奇怪,父类的方法为什么能直接打印出子类的属性?答案就在于 self。我们在一个更复杂的例子中看一下:

```python
class Father:
    def print_age(self):
        print('My age: {}'.format(self.age))


class Mother:
    pass


class Uncle:
    def print_age(self):
        print('Uncle\'s age: {}'.format(self.age))


class Son(Mother, Father, Uncle):
    def __init__(self, age):
```

```
        self.age = age
s = Son(10)
s.print_age()
# My age: 10
```

可以看出,上例中 Son 继承自 3 个父类(多重继承在后续内容中会详细介绍),不过实例 s 的 print_age 方法执行的是 Father 类中的 print_age 而非 uncle 类。它的内部调用情况是这样的:

```
for base_class in Son.__bases__:
    print(base_class)
    # 这里打印只是为了方便查看
    if hasattr(
        base_class,
        'print_age'
    ):
        base_class.print_age(s)
        break
# <class '__main__.Mother'>
# <class '__main__.Father'>
# My age: 10
```

在 Python 中,先在 Son 里查找方法 print_age,没有找到,之后便在 Son 的所有父类中依次寻找。在 Mother 类中什么都没找到,继续在 Father 类中寻找。hasattr 方法可以判断一个对象中是否有某个方法。在 Father 中找到了 print_age,然后以 Son 的实例 s 作为参数调用 Father 的 print_age,这样 Father.print_age 的参数 self 则变成了 s,所以,打印 self.age 即打印 s.age。一旦找到了并完成调用后,即 break 掉该循环,不再从后续父类中再做查找。

如果用户熟悉 C++ 的面向对象编程,应该会发现 Python 类的方法都是虚函数(virtual),因为可以从父类通过 self 访问子类的方法。

```
class Father:
    def print_name(self):
        print('Father')
    def who(self):
        self.print_name()


class Son(Father):
    def print_name(self):
        print('Son')


s = Son()
s.who()
# 结果是什么?
```

当然在 Python 中并不存在虚函数这种说法，仅仅是做一种类比。希望大家在学习使用 Python 的时候尽量以 Python 的思路来思考，而不要以其他语言的思路来揣测 Python 的行为。

下面来看一下 Son 对象的类型：

```
# 1
print(isinstance(s, Son))  # True
# 2
print(isinstance(s, Father))  # True
# 3
print(isinstance(s, type))  # False
# 4
print(isinstance(s, object))  # True
# 5
print(isinstance(Son, type))  # True
# 6
print(isinstance(Son, object))  # True
# 7
print(issubclass(Son, type))  # False
# 8
print(issubclass(Son, object))  # True
# 9
print(isinstance(Father, type))  # True
# 10
print(type(Father))  # <class 'type'>
# 11
print(Father.__bases__)
# (<class 'object'>,)
```

isinstance(a, b)查询 a 是否为 b 的实例(对象)，issubclass(a, b)查询 a 是否为 b 的子类，type(a)返回 a 的类型。

我们按顺序一个个地解释一下。

① s 是 Son 的实例，isinstance(s，Son)自然是 True。

② Son 是 Father 的子类，所以 Son 的实例 s 自然也是 Father 的实例，大家都是同一"血缘"的。

③ type 是一切类的类(或者叫类型)，而不是一切实例的类，所以实例 s 并不是 type 的实例，类 Son 和类 Father 才是 type 的实例，请看♯5 和♯9。

④ object 是什么？之前介绍过，Python 的一切皆对象，任何东西都能找到它的类型。而任何类型的最终源头都是 type。实际上，任何类型都是从一个父类(或者叫基类)继承过来的，而父类的最终源头便是 object。请看♯8 和♯11。

⑤ 同③。

⑥ object 是一切类最终的基类，一切自然也包括 type：

```
print(type.__bases__)
#(<class 'object'>,)
```

而 object 再无基类：

```
print(object.__bases__)
# ()
```

既然 object 是 type 的父类，而 Son 是 type 的实例，那么 Son 自然是 object 的实例，类比于 s 既是 Son 的实例，也是 Son 的父类 Father 的实例。

⑦ type 不是父类，而是类型！object 才是父类！
⑧ 同④。
⑨ 同③。
⑩ 在前一小节解释了。
⑪ 同④。

## 4.4 迭 代 器

### 4.4.1 迭代器类

在 Python 中迭代器是这样一类对象，它存储了一类"流式"数据。这里的流式是指数据是一个一个被吐出来进行处理的。我们通常迭代一个容器，其基础是容器中已经存在了所有的元素，我们按顺序访问一遍，例如，遍历一个列表：

```
a = [x for x in range(5)]
print(a)
#[0, 1, 2, 3, 4]
for ele in a:
    print(ele)

# 0
# 1
# 2
# 3
# 4
```

而迭代器存储的是一个算法，这个算法在每次迭代时计算出一个值，直到遇到一个结束的标识。在 Python 中，迭代器类型要求类中存在两个特殊方法：\_\_iter\_\_ 和 \_\_next\_\_。其中，\_\_iter\_\_ 方法需要返回对象本身(self)，而 \_\_next\_\_ 方法则负责实现上述算法，即在每次调用时返回一个需要的数据。当数据用完之后，需要抛出一个 StopIteration 的异常来标识结束。在 Python 中可通过两个内建函数来调用这两个协议，即 iter()和 next()，iter()可以调用对象的

__iter__方法返回一个迭代器,而 next()可以调用对象的__next__方法返回一个值。

来看一个简单的迭代器例子,实现上述列表的迭代,迭代器的算法便是每次加 1:

```python
class ListIterator:
    def __init__(
        self,
        start,
        end
    ):
        self.start = start
        self.end = end
    def __iter__(self):
        return self
    def __next__(self):
        if self.start < self.end:
            cur = self.start
            self.start += 1
            return cur
        else:
            raise StopIteration
```

这个自定义迭代器类的对象可以通过 next()访问每一个元素:

```python
li = ListIterator(0, 3)
print(li)
# <__main__.ListIterator object at 0x0000023F79E6E278 >
print(next(li))
# 0
# 当然可以直接访问__next__方法
print(li.__next__())
# 1
print(next(li))
# 2
print(next(li))
# StopIteration
```

有趣的是,用户在迭代器迭代的过程中改变它的属性,这个迭代器也会受到影响(这便是语言的动态性):

```python
li = ListIterator(0, 3)
def decrease(self):
    self.end -= 1

ListIterator.decrease = decrease
print(next(li))
```

```
# 0
print(next(li))
# 1
li.decrease()
print(next(li))
# StopIteration
```

本来应该输出2,但是在迭代的过程中将li的end减了1,则2无法遍历到了,直接抛出了StopIteration异常。

迭代器也可以直接用for…in…来遍历:

```
li = ListIterator(0, 3)
for ele in li:
    print(ele)

# 0
# 1
# 2
```

当一个迭代器对象迭代完成后,它就停留在了StopIteration位置,再也不会变化了:

```
for ele in li:
    print(ele)
#
for ele in li:
    print(ele)
#
```

所以当用户需要重新迭代时,需要重新生成一个迭代器对象:

```
li2 = ListIterator(0, 3)
for ele in li2:
    print(ele)

# 0
# 1
# 2
```

它的__iter__返回的就是它本身(它自己就是迭代器):

```
print(li is li.__iter__())
# True
```

内建方法iter()实现了迭代器协议__iter__,即调用iter()将自动执行对象的__iter__方法:

```
print(iter(li) is li)
# True
```

查看一个对象是否为迭代器可以依照迭代器的定义，查看是否存在\_\_iter\_\_和\_\_next\_\_属性：

```
# 反斜线是为了换行
def check_iterator(obj):
    if hasattr(obj,'__iter__')\
    and hasattr(obj,'__next__'):
        return True
    else:
        return False

print(check_iterator(li))
# True
```

那迭代器有什么用呢？下面看一个简单的例子。前提知识，在 Python 中，用户可以用 ord() 函数获取一个字符的 ASCII 码值，也可以用 chr() 函数获取一个整数对应的 ASCII 码字符。

```
print(ord('A'))
# 65
print(chr(65))
# 'A'
```

下面，假设需要处理一个 Excel 表，需要按列读取处理数据。Excel 表的列名是由字母构成的，即 A~Z（暂时考虑单字母）。那么需要遍历字母 A~Z，普通遍历方法是先生成这样的序列，再利用 for…in…语句遍历：

```
def get_letters(start, end):
    start = ord(start)
    end = ord(end)
    return [
        chr(x) for x in range(
            start,
            end + 1
        )
    ]
letter_list = get_letters('A','Z')
for l in letter_list:
    print(l)

# A
# B
# …
# Z
```

利用迭代器,可以这样写:

```python
class LetterIter:
    def __init__(
        self,
        start,
        end
    ):
        self.start = ord(start)
        self.end = ord(end)
    def __iter__(self):
        return self
    def __next__(self):
        if self.start != self.end + 1:
            cur = self.start
            self.start += 1
            return chr(cur)
        else:
            raise StopIteration

for l in LetterIter('A', 'Z'):
    print(l)

# A
# B
# ...
# Z
```

有人会说,迭代器代码段反而更长了,为什么要用它呢?因为:

① 迭代器占用的内存更少,它不需要产生所有的值,而是每次获取时只产生一个,即惰性求值;

② 接口统一,协议的存在就是为了统一接口,为了一致性;

③ 在某些情况下 CPU 资源也节省了。

正因为迭代器的优点,Python 中很多对象都是迭代器,例如,文件对象:

```python
f = open(__file__)
# __file__ 表示当前文件本身
print(check_iterator(f))
# True
```

这样,当用户打开一个很大的文件时(大到超过了用户计算机的内存),Python 并不是真正地把文件内容全部加载进内存中,而是生成一个文件迭代器。每次遍历时,都只返回一行的内容。

现在来区分 3 个概念。

(1) 可迭代的(is iterable)

如果一个对象可以一次一个地获取其中的每一个值,那么这个对象就是可迭代的。

(2) 可迭代对象(an iterable)

如果一个对象实现了__iter__方法,并且__iter__返回了一个迭代器,那么它就是可迭代对象(严格来讲,一个实现了__getitem__方法的对象也是可迭代对象)。

(3) 迭代器(iterator)

如果一个对象既实现了__iter__方法,又实现了__next__方法,那么它就是一个迭代器。

听起来似乎很绕口。其实可以用一句话来说明:一个对象是可迭代的,那么它就是可迭代对象,就需要一个__iter__方法来返回一个迭代器。

我们首先通过列表来看一下可迭代对象和迭代器的关系:

```
a = [x for x in range(10)]
print(hasattr(a, '__iter__'))
# True
print(hasattr(a, '__next__'))
# False

# 下面看a的__iter__是否返回了一个迭代器
a_iter = a.__iter__()
print(check_iterator(a_iter))
# True
```

这说明列表本身不是迭代器,而是通过__iter__方法返回了一个迭代器。这也是为什么许多容器类型都可以通过for…in…迭代,因为它们都实现了对应的迭代器版本,可以通过__iter__方法获得它们的迭代器:

```
b = 'hello'
c = {1, 2, 3}
print(check_iterator(iter(b)))
# True
print(check_iterator(iter(c)))
# True
```

下面来看一下小括号里的__getitem__问题:Python中存在另一类对象,它们实现了__getitem__方法,这类对象我们同样称它们为可迭代对象(不管它们是否实现了__iter__方法),它们自然也是可迭代的,在Python中被称作Sequence:

```
class ListIterable:
    def __init__(
    self,
        start,
        end
    ):
        self.start = start
```

```
            self.end = end

    def __getitem__(self, key):
        cur = self.start + key
        if cur >= self.end:
            raise IndexError
        else:
            return cur

li = ListIterable(0, 3)
for i in li:
    print(i)

# 0
# 1
# 2
print(hasattr(li, '__iter__'))
# False
print(hasattr(li, '__next__'))
# False
```

ListIterable 没有__iter__方法,却通过__getitem__方法变成了可迭代的了。至此,我们可以给 Python 中可迭代的对象下个完整定义了。

重要结论:Python 中对象是可迭代的表示该对象实现了__iter__方法或__getitem__方法,使得该对象在迭代的过程中可以一次一个地输出它的数据。判断一个对象是否可迭代,应当采用 iter()函数。

```
class A:
    pass

a = A()
iter(a)
# TypeError: 'A' object is not iterable

li = ListIterable(0, 3)
print(iter(li))
# < iterator object at 0x000001B07FB85438 >

list_iterator = ListIterator(0, 3)
print(iter(list_iterator))
# <__main__.ListIterator object at 0x0000017EB3545438 >

l = [x for x in range(10)]
```

```
print(iter(l))
#< list_iterator object at 0x000001E3FFF254A8 >

r = range(5)
print(iter(r))
#< range_iterator object at 0x0000016015308D30 >
```

list、str、tuple 都是 sequence。在后文会介绍这些对象的属性协议。

来看最后一个问题：前文介绍过，一个迭代器对象在"寿终正寝"后不会再变化了，用户需要生成一个新的对象来重新迭代。可是为什么像列表这种容器就能无限次迭代呢？因为列表的__iter__每次调用都返回一个新的迭代器。所以，如果想让一个对象可以无限次迭代，可以像列表一样来写。

实现一个可无限次反复
迭代的迭代器对象

## 4.4.2 itertools 标准库

Python 的一大特性是其具有一个强大的标准库，让我们在很多时候可以直接使用标准库完成一些功能，并且标准库的实现总是最优的实现。前一小节介绍了 Python 中的迭代器，本小节来详细地介绍一下标准库 itertools[①] 都提供了哪些便捷的迭代器工具。

约定：
> 所有代码段默认都有 from itertools import*；
> print(obj, end=' ')表示在打印 obj 后不换行；
> 所有 itertools 功能均返回迭代器，为了便于查看内容，部分返回值转为 list。

**1. 无限迭代器**

(1) count

count 迭代器用于从某个位置开始计数，我们可以利用参数来指定起始位置和步长，并且 count 没有终止条件：

```
from itertools import*
# 本小节代码默认执行了 from itertools import*
counter = count(5, 2)
print(counter.__next__())
# 5
print(counter.__next__())
# 7
print(counter.__next__())
# 9
# ...
```

(2) cycle

cycle 可以循环遍历一个可迭代对象的每一个元素，并且遍历结束后会从头开始进行下一

---

[①] https://docs.python.org/3/library/itertools.html。

轮遍历,如此往复。

```
counter = count()
cycler = cycle([1, 2, 3])
while True:
    print(cycler.__next__(), end = '')
    if next(counter) == 10:
        break

# 12312312312
```

(3) repeat

顾名思义,repeat 可以将一个对象重复 n 次(n 可选):

```
repeater = repeat(5, 5)
print(list(repeater))
# [5, 5, 5, 5, 5]
```

## 2. 有限迭代器

(1) accumulate

累加操作:

```
print(list(accumulate([1, 2, 3, 4])))
# [1, 3, 6, 10]
```

和 reduce 十分相似,只不过 reduce 所得到的是一个最终结果,一个具体的数值,正好就是 accumulate 的最后一项,而 accumulate 返回每一次叠加的中间值的迭代器。accumulate 允许自定义操作函数:

```
from operator import mul
# 乘法
print(list(accumulate([1, 2, 3, 4], mul)))
# [1, 2, 6, 24]
```

(2) chain

将多个可迭代对象链接起来,组成一个完整的迭代器:

```
a = [1, 2, 3]
b = 'ABC'
c = repeat('d', 3)
chains = chain(a, b, c)
for ele in chains:
    print(ele, end = '')
# 123ABCddd
```

(3) chain.from_iterable

它是 chain 类的一个类方法。它实现的功能与 chain 类似,只不过它接收一个而非多个可迭代对象,并将这个对象的每一个元素链接起来:

```
d = [a, b, 'efg']  # a, b 在上面
chains = chain.from_iterable(d)
for ele in chains:
    print(ele, end = '')
# 123ABCefg
```

(4) compress

compress 的字面意思是压缩,实际上它是将一个可迭代对象按照一个选择器的真假来筛选值,有点类似于 filter,只是适用范围更精确:

```
data = 'ABCDEFG'
selector = [0, 1, 1, 1, 0, 0, 1]
compressed = compress(data, selector)
print(list(compressed))
# ['B', 'C', 'D', 'G']
# 只有 selector 中为 True 的位置被保留了下来
```

它等价于 filter 这样的写法:

```
from operator import itemgetter

filtered = map(
    itemgetter(1),
    filter(
        lambda x: selector[x[0]],
        enumerate(data)
    )
)
print(list(filtered))
# ['B', 'C', 'D', 'G']
```

或是利用推导式实现:

```
compred = [
    x for i, x in enumerate(data)
    if selector[i]
]
print(compred)
# ['B', 'C', 'D', 'G']


# 下面是官方写法:
compred = [
    d for d, s in zip(
```

```
            data,
            selector
    ) if s
]
print(compred)
#['B','C','D','G']
```

但是,推导式返回的直接是列表对象,不是迭代器。

(5) dropwhile

dropwhile 接收两个参数,即 pred 和 seq。它输出 pred 首次为 False 之后的 seq 迭代器,来看个例子:

```
seq = [1, 2, 3, 4, 5]
accum = accumulate(seq)
# list(accum): [1, 3, 6, 10, 15]

drop = dropwhile(
    lambda x: x < 6,
    accum
)
print(list(drop))
#[6, 10, 15]
```

(6) takewhile

它是 dropwhile 的逆向操作,当条件为 False 后立刻停止迭代:

```
seq = [1, 2, 3, 4, 5]
accum = accumulate(seq)
# list(accum): [1, 3, 6, 10, 15]
take = takewhile(
    lambda x: x < 6,
    accum
)
print(list(take))
#[1, 3]
```

(7) groupby

groupby 是一个十分强大的迭代器类,它可以依照用户自定义的方式将一个可迭代对象中的内容进行分组,并输出分组的标准和被分出的组的内容的迭代器。需要注意的是,当 groupby 的函数值每次改变时,都会产生一个新的组,而不管这个组是否在之前出现过了。所以很多时候,在使用 groupby 之前需要给可迭代对象排序。例如,利用 groupby 将一个字典按照相同的值(values)来将键(keys)进行分组,即找到哪些键对应着相同的值。

groupby 示例程序

(8) islice

islice 是切片操作的迭代器版本,可以接收的参数依次为可迭代对象、起始位置(默认为 0)、终止位置(默认到结束)、步长(可选)。后 3 个参数不可为负(不同于普通切片)。

```
seq = 'ABCDEFGH'
# 普通切片
print(seq[:4])
# ABCD
print(list(islice(seq, 4)))
# ['A', 'B', 'C', 'D']
print(str(islice(seq, 3, None)))
# ['D', 'E', 'F', 'G', 'H']
```

(9) starmap

它在 map 的基础上多了个 star,意思是将一个可迭代对象的每个元素都通过 star 进行拆解,将其传递给一个函数作为参数,并输出一个函数执行的迭代器:

```
from operator import add
seq = [(1, 2), (3, 4), (5, 6)]
new_iter = starmap(add, seq)
print(list(new_iter))
# [3, 7, 11]
```

它很类似 map,区别在于映射函数的参数不止一个,且已经被"打包"进了一个可迭代对象中。它的等价 map 写法是显式地将参数利用星号表达式拆解出来:

```
new_iter = map(
    lambda x: add(*x),
    seq
)
print(list(new_iter))
# [3, 7, 11]
```

(10) tee

它可以将一个可迭代对象"复制"出 n 个独立的迭代器:

```
seq = [1, 2, 3, 4]
seqiter = iter(seq)
seq1, seq2, seq3 = tee(seqiter, 3)
for ele in seq1:
    print(ele, end = ' ')
print()
```

```
# 1234

for ele in seq2:
    print(ele, end = '')
print()
# 1234

for ele in seq3:
    print(ele, end = '')
print()
# 1234

for ele in seqiter:
    print(ele, end = '')
#
```

可以看出,如果将 tee 传入一个迭代器,那么所有的迭代器(包括原始迭代器)最多可以迭代 $n$ 次。

(11) zip_longest

在前面章节中介绍过。

### 3. 组合迭代器

(1) product

顾名思义,product 产生两个可迭代对象的笛卡儿积的结果:

```
from pprint import pprint
a = 'ABC'
b = [1, 2, 3]
pab = product(a, b)
pprint(list(pab))
#[('A', 1),
#('A', 2),
#('A', 3),
#('B', 1),
#('B', 2),
#('B', 3),
#('C', 1),
#('C', 2),
#('C', 3)]
```

(2) permutations

permutations 产生一个可迭代对象的全排列:

```
a = 'ABC'
pera = permutations(a)
```

```
pprint(list(pera))
#[('A','B','C'),
#('A','C','B'),
#('B','A','C'),
#('B','C','A'),
#('C','A','B'),
#('C','B','A')]
```

(3) combinations

combinations 产生一个可迭代对象的 r 长度的子序列组合：

```
a = 'ABCD'
r = 2
coma = combinations(a, r)
pprint(list(coma))
#[('A','B'),
#('A','C'),
#('A','D'),
#('B','C'),
#('B','D'),
#('C','D')]
```

上面这个组合操作不会将元素本身的组合计算到里面。如果想要包括自身的组合，需要使用下面的方法。

(4) combinations_with_replacement

```
a = 'ABCD'
r = 2
coma = combinations_with_replacement(
    a,
    r
)
pprint(list(coma))
#[('A','A'),
#('A','B'),
#('A','C'),
#('A','D'),
#('B','B'),
#('B','C'),
#('B','D'),
#('C','C'),
#('C','D'),
#('D','D')]
```

## 4.5 构造函数和初始化函数

我们知道,在类实例化的时候如果需要给定一些初始参数,需要在类中定义\_\_init\_\_方法。(注:我们约定实例化是指创建一个类的实例。)

```
class A:
    def __init__(self, a = 1):
        self.a = a

a = A(a = 0)
print(a.a)
# 0
```

当一个对象不再需要被使用时,为了释放内存,Python 的垃圾回收器会调用该对象的\_\_del\_\_方法,将对象占用的内存释放。

```
class A:
    def __del__(self):
        print('Delete')

a = A()
a = 1
# Delete
```

直接运行上述程序发现打印出了 Delete。这是因为 A 的一个对象的标识符 a 被拿走去引用了数字 1,程序中不再有标识符引用这个对象,所以这个对象没必要再"活"下去了,被垃圾回收器析构掉了。在释放的过程中,垃圾回收器会调用对象的\_\_del\_\_方法,所以打印出了 Delete。通常,没有特殊需求,我们的类中不必定义\_\_del\_\_方法,垃圾回收器会自动寻找基类的\_\_del\_\_方法来调用。

\_\_init\_\_很像我们在其他编程语言中遇到的构造函数,只不过这里我们称其为初始化函数会显得更为贴切(在其他语言中,构造函数的作用也是实例初始化)。有什么区别吗?实例化一个对象如图 4-1 所示。

图 4-1 \_\_init\_\_构造一个对象

通常,中间这个过程是程序员们无法控制的过程(看起来也没有控制的必要)。然而在

Python 中,存在这样的一个特殊方法__new__,它把中间这本该解释器做的事揽到了自己身上。所以在 Python 中,整个过程如图 4-2 所示。

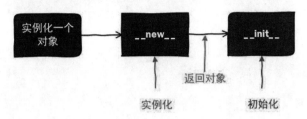

图 4-2  __new__实例化一个对象

Python 通过__new__方法实现了对象的实例化过程,而后调用__init__完成对象的初始化,这一点同其他语言不同。可为什么平时没有见过__new__也能正常实例化呢?因为和__del__一样,Python 解释器会寻找基类的__new__方法,而 Python 中所有类的最终基类都是 object,所以当用户的继承链中没有一个类定义了这些方法时,最终调用的就是 object 的方法。

这里为什么要强调__new__要返回对象呢?因为只有将对象返回了才能调用它的初始化方法,来看一下示例。

```
class A:
    def __new__(cls, *args, **kwargs):
        print('new')
        print(cls)
        self = super().__new__(cls)
        return self

    def __init__(self):
        print('init')
        print(self)

a = A()
# new
# <class '__main__.A'>
# init
# <__main__.A object at 0x00000239302EF588>
print(a)
# <__main__.A object at 0x00000239302EF588>
```

我们可以看出,在 a=A()后,首先__new__方法被调用了,它的第一个参数 cls 传入的是类本身。其次我们调用了父类的__new__方法来产生一个对象 self(父类其实就是 object)并返回。最后这个 self 被传入了__init__方法,完成了它的初始化。如果不返回一个对象,那么__init__就不会被调用,实例化过程也就失败了。

```
class A:
    def __new__(cls, *args, **kwargs):
```

```
        print('new')
        print(cls)
        self = super().__new__(cls)
        # return self

    def __init__(self):
        print('init')
        print(self)

a = A()
# new
# <class '__main__.A'>
print(a)
# None
```

事实上,我们完全可以在__new__里完成对象的初始化工作:

```
class A:
    def __new__(cls, *args, **kwargs):
        self = super().__new__(cls)
        self.a = 1
        return self

a = A()
print(a.a)
# 1
```

__init__方法所接收的参数,实际上也经过了__new__:

```
class A:
    def __new__(cls, *args, **kwargs):
        print(args)
        self = super().__new__(cls)
        return self

    def __init__(self, *args):
        print('init')
        print(args)

a = A(1, 2)
# (1, 2)
# {'b': 3}
# init
# (1, 2)
# {'b': 3}
```

· 154 ·

如果我们把类 A 比作一个工厂，把 __init__ 比作一条流水线，那么 __new__ 就像车间主任一样。车间主任可以决定给流水线送什么材料，可以决定用哪一条流水线，甚至可以决定在这个工厂里偷偷生产 B 工厂的货物：

```python
class B:
    def __init__(self):
        print('I am B')

class A:
    def __new__(cls):
        self = B()
        return self

    def __init__(self):
        print('I am A')

a = A()
# I am B
```

不过，这种写法有一定的弊端，容易让别人摸不到头脑。一个可能更好的写法是工厂方法。

到这里，我们看到了 Python 的灵活性，它允许用户对对象的实例化过程"动手动脚"。那 __new__ 到底有没有实际意义呢？下面举几个例子来看看 __new__ 的作用。

（1）单例

单例是指一个实例在一个程序中永远只有一个，在第一次创建它之后，所有的创建过程都把它返回，而不是创建一个新的实例。有了 __new__，我们可以很方便地实现单例：

```python
class A:
    _self = None
    def __new__(cls):
        if cls._self is None:
            cls._self = super().__new__(cls)
        return cls._self
```

为了确认 A 的实例是否只有一个，我们通过 id() 函数来查看它们的内存地址是否一致：

```python
a1 = A()
a2 = A()
a3 = A()
print(a1 == a2 == a3)
# True
```

a1、a2 和 a3 完全是同一个对象。

（2）继承一个不可变对象

Python 中不可变对象是指 tuple、int、frozenset 等这些对象：

```
a = (1, 2)
a[2] = 3
# TypeError: 'tuple' object does not support item assignment
b = 1
b.a = 2
# AttributeError: 'int' object has no attribute 'a'
```

而对于一个普通的类的对象，则没有这些限制：

```
class A:
    def __init__(self):
        self.a = [1, 2, 3]
    def __setitem__(self, key, val):
        self.a[key] = val
    def __str__(self):
        return str(self.a)

a = A()
a.b = 1
a[3] = 4
print(a)
# [1, 2, 4]
```

如果想要继承一个不可变对象类，可能会有一些问题：

```
class A(tuple):
    def __init__(self, *args, **kwargs):
        super().__init__(*args, **kwargs)

a = A(1, 2, 3)
# TypeError: object.__init__() takes no parameters
```

想要通过 A(1, 2, 3) 的方式来创建一个不可变的 a，只定义 __init__ 是不可行的，因为这些不可变对象类没有定义 __init__ 方法。从错误信息可以看出，解释器直接跳过了 tuple 的 __init__。所以，我们需要重写 __new__ 方法来继承。例如，想要通过继承 tuple 来获得一个产生 0~n 的元组：

```
class A(tuple):
    def __new__(cls, n):
        tup = (x for x in range(n + 1))
        self = tuple.__new__(
            cls,
```

```
            tup
        )
        return self

a = A(3)
print(a)
# (0, 1, 2, 3)
a[2] = 0
# TypeError: 'A' object does not support item assignment
```

这里也可以理解,因为__init__的作用是修改对象中的属性的值,这与不可变对象本身就矛盾,所以不可变对象只有__new__方法,不会有__init__方法。

(3) 和元类一起控制类的产生、实例化等一系列过程

__new__属于Python中比较高级的特性,绝大多数情况下不会用到。而类似于__new__的这些特性都有一个鲜明的特点——双刃剑。理解得透彻,则可以利用它们写出优雅高效的程序;理解得模棱两可,则可能搬起石头砸了自己的脚。比如上面的伪装。

## 4.6 函 数 类 型

在 Python 中,函数通常通过 def 关键字或 lambda 表达式定义:

```
def func(fn):
    return fn(5)


y = func(lambda x: x ** 2)
print(y)
# 25
```

既然在 Python 中,一切皆对象,那么函数自然也是一种对象,这类对象称作可调用对象。可以通过内建函数 callable() 判断一个对象是否为可调用对象:

```
print(callable(func))
# True
print(callable(lambda x: x ** 2))
# True
```

函数作为一个对象,它是一些属性与方法的集合,同时我们可以动态地为函数增减属性和方法,然后将函数作为普通的对象来使用:

```
def func():
    print('func')
```

```python
func.a = 5
def f():
    print('a')
func.f = f
print(func.a)
func.f()
```

函数同普通的类实例一样,也有一些默认的属性来表征它的一些特性。例如,\_\_dict\_\_存储了用户为函数添加的一些属性:

```
print(func.__dict__)
#{'a': 5,
#'f': <function f at 0x0000017325D4BF28>}
```

除此之外,函数有一些独有的属性,这些属性在用户自定义类中不存在。如何获得这些属性?可以通过 dir()函数:

```
print(dir(func))
#['__annotations__','__call__','__class__','__closure__','__code__','__defaults__','__delattr__',
'__dict__','__dir__','__doc__','__eq__','__format__','__ge__','__get__','__getattribute__',
'__globals__','__gt__','__hash__','__init__','__kwdefaults__','__le__','__lt__','__module__','__name__','__ne__','__new__','__qualname__','__reduce__','__reduce_ex__','__repr__','__setattr__','__sizeof__',
'__str__','__subclasshook__','a','f']
```

这么多属性,哪些才是函数所独有的而普通类没有的呢?我们利用 set 集合类型来找到它们,首先定义一个函数和一个类的实例:

```
def f(): pass
class A: pass
a = A()
```

通过 dir()函数能够获得两个对象 f 和 a 的属性集合,再做一个差集运算,即可获得 f 有而 a 没有的那些属性:

```
from pprint import pprint
diff = set(dir(f)) - set(dir(a))
pprint(diff)
#{'__annotations__',
#'__call__',
#'__closure__',
#'__code__',
#'__defaults__',
#'__get__',
#'__globals__',
#'__kwdefaults__',
```

```
#'__name__',
#'__qualname__'}
```

我们依次介绍一下这些属性的作用。

① __annotations__：类型注解。
② __call__：可调用对象协议。
③ __closure__：顾名思义，闭包所绑定的变量。
④ __code__：字节码对象。
⑤ __defaults__：默认参数。
⑥ __get__：描述符协议（这个放到类系列的后面介绍）。
⑦ __globals__：绑定的全局变量。
⑧ __kwdefaults__：关键字默认参数。
⑨ __name__：函数名称。
⑩ __qualname__：函数限定名称。

我们通过例子来依次看一下除了 2 和 6 以外的其他属性都是什么：

```
# 1. __annotations__
def func(a:int, b:str) -> float:
    return 1.1
pprint(func.__annotations__)
#{'a': <class 'int'>,
#'b': <class 'str'>,
#'return': <class 'float'>}
```

可以看出，函数的类型注解仅仅存储于 __annotations__ 属性中，仅此而已。

```
# 3. __closure__
def func():
    i = 1
    def funcin():
        return i
    return funcin

print(func().__closure__)
#(<cell at 0x0000029F54750F78:
# int object at 0x0000000073D9CEF0>,)
print(func().__closure__[0].cell_contents)
#1
```

既然涉及闭包，那么一定是由内部函数引用了外部函数的某些变量所致。这些变量之所以在外部函数调用结束之后还存在，其核心原因便在于它们以 cell 对象的形式存在于内部函数的 __closure__ 属性中。注意，只有当外部函数调用结束后，变量才能绑定到这个 cell 中；之后，因为外部函数调用结束，这个变量在外部函数的引用被清理掉了，它只能由 __closure__ 属性访问,即上例的最后一条打印。

```
# 4. __code__
def func(): pass
print(func.__code__)
# < code object func at 0x0000027E44966C90,
# file "C:\…\oo7.py", line 53 >
```

Python虽然是一门解释型语言,但实际上在运行时,解释器会将代码编译成字节码,而函数所编译而成的字节码存储于__code__属性中。这些字节码无法直接查看,需要一些标准库的帮助。但是,我们可以直接执行这些字节码,利用exec()函数:

```
def func():
    print('hi')

exec(func.__code__)
#'hi'
# 5. __defaults__
def func(a = 1, b = 2):
    print(a, b)

print(func.__defaults__)
#(1, 2)
```

__defaults__以元组的形式将函数定义的默认位置参数存储起来。

```
# 7. __globals__
a = 1
def func(): pass
pprint(func.__globals__)
# {'__builtins__': < module 'builtins' (built - in)>,
#'__cached__': None,
#'__doc__': None,
#'__file__': 'C:\\…\\oo7.py',
#'__loader__': < _frozen_importlib_external.SourceFileLoader object at 0x0000022169F369B0 >,
#'__name__': '__main__',
#'__package__': None,
#'__spec__': None,
#'a': 1,
#'pprint': < function pprint at 0x0000022169FA3620 >}
```

可以看出,__globals__将函数所在的全局作用域的所有变量都打印出来了。

```
# 8. __kwdefaults__
def func(a = 1, b = 2):
```

```
    print(a, b)

print(func.__kwdefaults__)
# None

def func(a, *, b = 2):
    print(a, b)

print(func.__kwdefaults__)
# {'b': 2}
```

和__defaults__不同的是，__kwdefaults__以字典的方式存储了仅限关键字参数的默认值。

```
# 9. __name__
def func(): pass
print(func.__name__)
# func
```

__name__存储的是函数的名称。

```
# 10. __qualname__
def func(): pass
print(func.__qualname__)
# func
class A:
    def func(self): pass

print(A.func.__qualname__)
# A.func
print(A.func.__name__)
# func

def func():
    def nested(): pass
    print(nested.__qualname__)

func()
# func.<locals>.nested
```

__qualname__存储的是函数的限定性名称。所谓限定性，包含函数定义所处的上下文。如果函数定义在全局作用域中，则__qualname__和__name__一样；如果函数定义在类内部或函数内部，__qualname__则包含点路径。

那么，__call__是做何用的呢？我们知道__call__是可调用对象协议，也就是说，它赋予了一个对象像函数一样可被调用的能力。拥有__call__方法的对象可以直接通过小括号来调用，如下：

```
class FuncClass:
    def __call__(self):
        print('hi')

func = FuncClass()
func() # 这里像函数一样调用对象 func
# hi
```

可以看出，func 是 FuncClass 类的对象。当将它直接调用时，执行的就是可调用协议中的代码。而__call__方法也是区分一个对象是否为可调用对象的核心所在：

```
class A: pass
a = A()
print(callable(func))
# True
print(callable(a))
# False
```

前面介绍了，所有的自定义函数都是对象，这些函数对象的类是 Python 的内建类型 function（就像 int 一样，唯一的区别是没有直接的标识符来标明 function 类型）。而这些函数之所以能调用，正是因为它们具有__call__方法：

```
def func():
    print('hi')

print(type(func))
# <class 'function'>
func.__class__.__call__(func)
# hi
func()
# hi
```

## 4.7 上下文管理器

### 4.7.1 上下文管理器类

在我们日常程序处理的过程中，总会遇到这样的情况，如需要打开一个文件，与数据库建立一个连接，甚至在多线程中获取一个互斥锁等。这类情况具有相似的过程：

① 获取一个对象(文件对象、数据库对象、锁对象等);
② 在这个对象的基础上做一些操作(文件读写、数据库读写、锁内容的修改等);
③ 释放该对象(关闭文件、关闭数据库连接、释放锁等)。

此外,这其中还可能存在潜在的异常需要处理(例如,文件可能不存在,数据库连接断开等)。整个过程类似开门进屋和关门离开的过程,中间的操作都在屋内这个环境下进行,而门锁则是进入和离开这个环境的核心。我们将屋内的环境称作上下文,简单理解就是一个处于特定状态的一段代码(文件打开状态),而这段代码需要一个进屋(打开文件)和锁门(关闭文件)的过程。

我们以一个文件的读写为例来说明此事。一个比较鲁棒的文件读取示例如下:

```python
filename = 'a.txt'
try:
    f = open(filename, 'r')
except FileNotFoundError:
    print(
        'File {} not exist'.format(filename)
    )
    import sys
    sys.exit(-1)
else:
    content = f.readlines()
    print(content)
finally:
    f.close()
```

except FileNotFoundError 可保证当文件不存在时,程序会正常退出而不会崩溃;else 表示文件正确打开后做的一系列操作;finally 可保证在上述 else 过程中,不论出现了任何问题都会关闭文件,释放资源。每次文件操作都需要上面一套流程来保证程序的健壮性,看起来很繁琐。因此,Python 给出了一个更加简洁的解决方案——上下文管理器和 with … as … 关键字。

来看看利用上下文管理器应当怎么改写上述代码:

```python
filename = 'a.txt'
try:
    with open(filename, 'r') as f:
        content = f.readlines()
        print(content)
except FileNotFoundError:
    print(
        'File {} not exist'.format(filename)
    )
    import sys
    sys.exit(-1)
```

基于上下文管理器的程序和 try…except…程序的最大区别在于：
① 文件描述符 f 由 with…as…获取；
② 没有了 finally 代码块,else 部分放进了 with 代码段内。
这样当处理过程出现错误时,文件会被关闭吗？后面我们会知道,答案是会。

上下文管理器在 Python 中同样是一类对象,它们的特点是具有 __enter__ 和 __exit__ 两个特殊方法。__enter__ 定义了进入这个上下文时要做的一些事,而 __exit__ 则定义了离开这个上下文时要做的事。上下文管理器需要由 with…语句调用,此时解释器会先执行 __enter__ 方法,如果 __enter__ 有返回值,可以利用 as…来接收这个返回值。当离开这个上下文时(即缩进回到了同 with 一级时),解释器会自动执行 __exit__ 方法。

我们再针对上面打开文件的例子来详细描述一下整个过程。首先 open() 函数会打开一个文件,返回一个文件描述符对象。请注意,这个文件描述符对象才是我们的上下文管理器对象,而不是 open()。那么当 with 语句后面跟着这个文件描述符对象的时候,会自动执行它的 __enter__ 方法。实际上,文件描述符对象的 __enter__ 方法仅把对象本身返回(return self)。后面的 as f 接收这个返回值(即文件描述符对象本身),并将其绑定到标识符 f 上,这样,在上下文中间的代码就可以使用这个 f。当使用完毕后,离开上下文,自动执行 __exit__ 方法。这个方法做的工作会复杂一些。首先它会调用文件描述符的 close 方法来关闭它(这就是为什么我们不需要手动写一个 finally 语句来关闭它);其次,它还会处理过程中出现的异常,处理不了的异常还会重新向外层抛出(所以我们在外层包了一个 try…except…语句)。

下面我们通过自定义一个上下文管理器来熟悉一下整套流程。正如前文所介绍的,上下文管理器是个对象,它有 __enter__ 和 __exit__ 两个方法。需要注意的一点是,__exit__ 需要接收几个参数。我们先利用 *_来忽略这些参数,另外它的返回值必须是布尔型的,来表示其中的异常是否需要再向外层抛出。

```
class Context:
    def __enter__(self):
        print('In enter')

    def __exit__(self, *_):
        print('In exit')
        return True


with Context():
    print('In context')
print('Out of context')
# In enter
# In context
# In exit
# Out of context
```

根据打印结果我们可以看出上下文管理器的流程。我们来实现一个简易的 open 对象。
文件 a.txt 的内容:"欢迎阅读本书:《理解 Python》"。

```
class OpenFile:
    def __init__(self, name, mod):
        self.f = open(name, mod)
    def __enter__(self):
        return self.f
    def __exit__(self, *_):
        self.f.close()
        print('File is closed automatically')
        return True

filename = 'a.txt'
with OpenFile(filename, 'r') as f:
    for line in f:
        print(line)

# 欢迎阅读本书：
#
# 《理解Python》
# File is closed automatically
with open(filename, 'r') as f:
    for line in f:
        print(line)
# 欢迎阅读本书：
#
# 《理解Python》
```

是不是完全一致？下面我们再尝试把处理文件不存在的异常也放进管理器中来进一步简化：

```
class OpenFile:
    def __init__(self, name, mod):
        self.f = None
        self.err = None
        try:
            self.f = open(name, mod)
        except FileNotFoundError as e:
            print('File not exits')
            self.err = e
    def __enter__(self):
        return (self.f, self.err)
    def __exit__(self, *_):
        if self.f:
            self.f.close()
```

```
            return True

filename = 'ab.txt'
with OpenFile(filename, 'r') as (f, err):
    if not err:
        for line in f:
            print(line)

# File not exits
```

这里如果文件不存在，我们将异常通过\_\_enter\_\_返回来，便可以利用一个if语句来替代try…except…。

我们继续来看一下上下文管理器中的异常处理和标准库对于上下文管理器的支持。回顾一下上下文管理器的特点：上下文管理器是个对象，它有\_\_enter\_\_和\_\_exit\_\_两个方法。

```
class Context:
    def __enter__(self):
        print('In enter')
        return self

    def __exit__(self, *_):
        print('In exit')
        return True
```

这里的\_\_exit\_\_方法的参数列表被我们利用 * _收集到了一起，我们把它打印出来看看是什么内容：

```
class Context:
    def __enter__(self):
        return self

    def __exit__(self, *_):
        from pprint import pprint
        pprint(_)
        return True

with Context():
    print('In context')

# In context
# (None, None, None)
```

所以说，在离开上下文时，解释器会给\_\_exit\_\_额外传递3个位置参数。这些参数都是用于处理上下文中异常的，所以在正常状态下，它们都是None。让我们尝试在上下文中抛出一个异常：

```
with Context():
    raise Exception('Raised')

# (< class 'Exception' >,
# Exception('Raised',),
# < traceback object at 0x0000025A35441D88 >)
```

我们通过一个普通的处理异常的语句来看一下这 3 个参数都是什么：

```
try:
    raise Exception('Raised')
except Exception as e:
    print(type(e))
    print(repr(e))
    print(e.__traceback__)

# (< class 'Exception' >,
# Exception('Raised',),
# < traceback object at 0x0000025A35441D88 >)
```

可以看出，\_\_exit\_\_ 的 3 个参数分别表示：
① 异常类型；
② 异常对象；
③ 栈对象。

那么，为什么在上下文中抛出了异常，程序却没有异常中止呢？答案在于\_\_exit\_\_的返回值。如果它返回了 True，那么上下文中的异常将被忽略；如果它返回了 False，那么上下文中的异常将被重新向外层抛出。假如在外层没有异常处理的代码，那么程序将会崩溃：

```
class Context:
    def __enter__(self):
        return self

    def __exit__(self, *_):
        # 返回 False
        return False

with Context():
    raise Exception('Raised')

# Traceback (most recent call last):
# File "C:\…py", line 33, in <module>
# raise Exception('Raised')
# Exception: Raised
```

那么,如何在 __exit__ 中处理异常呢?既然能够获取到异常对象,那么可以通过 isinstance 来判断异常类型,或是直接利用参数中的异常类型来判断,进而做出相应处理:

```
exs = [
    ValueError,
    IndexError,
    ZeroDivisionError,
]

class Context:
    def __enter__(self):
        return self

    def __exit__(self, ex_type, ex_value, tb):
        if ex_type in exs:
            print('handled')
            return True
        else:
            return False

with Context():
    10 / 0
# handled

try:
    with Context():
        raise TypeError()
except TypeError:
    print('handled outside')

# handled outside
```

那么,如果在 __enter__ 里出现异常,我们该怎么办呢?很不幸,我们只能在 __enter__ 里去通过 try…except…语句手动捕获并处理它们。

## 4.7.2 标准库的支持

Python 的标准库 contextlib 中给出了上下文管理器的另一种实现:contextmanager。它是一个装饰器。我们来简单看一下它是怎么使用的:

```
from contextlib import contextmanager

@contextmanager
def context():
```

```
        print('In enter')
        yield
        print('In exit')

with context():
    print('In context')

# In enter
# In context
# In exit
```

和我们最初的写法比较一下：

```
class Context:
    def __enter__(self):
        print('In enter')
        return self

    def __exit__(self, *_):
        print('In exit')
        return True

with Context():
    print('In context')

# In enter
# In context
# In exit
```

结果一样，但写法简单了许多。在 yield 之前的语句扮演了 __enter__ 的角色，而在 yield 之后的语句则扮演了 __exit__ 的角色。那么，我们如何像 __enter__ 一样返回一个对象呢？例如，我们打开一个文件：

```
@contextmanager
def fileopen(name, mod):
    f = open(name, mod)
    # 直接 yield 出去即可
    yield f
    f.close()

with fileopen('a.txt', 'r') as f:
    for line in f:
        print(line)
# 欢迎阅读本书:
```

```
#
#《理解 Python》
```

如何处理这里面的异常呢？在 yield 处采用 try…except…finally 语句：

```
@contextmanager
def fileopen(name, mod):
    try:
        f = open(name, mod)
        yield f
    except:
        print('handled')
    finally:
        f.close()

with fileopen('a.txt','r') as f:
    raise Exception()

# handled
```

实际上，对于这类需要在离开上下文后调用 close 方法释放资源的对象，contextlib 给出了更加直接的方式：

```
from contextlib import closing

class A:
    def close(self):
        print('Closing')

with closing(A()) as a:
    print(a)

#<__main__.A object at 0x00000264464E50B8>
# Closing
```

这样，类 A 的对象自动变成了上下文管理器对象，并且在离开这个上下文的时候，解释器会自动调用对象 a 的 close 方法（即使中间抛出了异常）。所以，针对一些具有 close 方法的非上下文管理器对象，直接利用 closing 要便捷许多。

contextlib 还提供了另外一种不使用 with 的语法糖来实现上下文功能的方式。采用这种方式定义的上下文只是增加了一个继承关系：

```
from contextlib import ContextDecorator

class Context(ContextDecorator):
```

```python
    def __enter__(self):
        print('In enter')
        return self
    def __exit__(self, *_):
        print('In exit')
        return True
```

怎么使用呢？如下：

```python
@Context()
def context_func():
    print('In context')

context_func()
# In enter
# In context
# In exit
```

上下文代码不再使用 with 代码段，而是定义成函数，通过装饰器的方式增加了一个进入和离开的流程。我们可以根据实际情况，灵活地采取不同的写法来实现我们需要的功能。

最后，我们再来看一个 contextlib 提供的功能：suppress。它可以创建一个能够忽略特定异常的上下文管理器。有些时候，我们可能知道上下文管理器中的代码会抛出什么异常，或者说我们不关心抛出了哪些异常，我们可以让 __exit__ 函数直接返回 True，这样所有的异常就被忽略在了 __exit__ 中。suppress 提供了一个更简便的写法，我们只需给它传入需要忽略的异常类型即可：

```python
from contextlib import suppress
ig_exs = [
    ValueError,
    IndexError,
    RuntimeError,
    OSError,
    ...,
]
with suppress(*ig_exs):
    raise ValueError()
print('Nothing happens')
# Nothing happens
```

因为所有的非系统异常都是 Exception 的子类，所以如果参数传入了 Exception，那么所有的异常都会被忽略：

```python
from contextlib import suppress
with suppress(Exception):
```

```
        raise OverflowError()
print('Nothing happens')
# Nothing happens
```

这里需要说明的是何为非系统异常。有一些异常可能来自系统问题而非程序本身,例如程序陷入死循环了,我们需要用 Ctrl+C 键结束它。如果用户注意到了按 Ctrl+C 键后程序打印的错误信息,会发现它抛出了一个 KeyboardInterrupt。类似这些异常(包括 Exception 本身)都继承于 BaseException。所以,真正异常的父类是 BaseException。关于异常的层次关系,请参阅 https://docs.python.org/3/library/exceptions.html#exception-hierarchy。

## 4.8 多重继承与 MRO

### 4.8.1 多重继承

Python 同 C++一样,允许多重继承,写法十分简洁:

```
class A: pass
class B: pass
class C(A, B):
    pass

print(C.__bases__)
# (<class '__main__.A'>, <class '__main__.B'>)
```

这样,类 A 和 B 的属性就被 C 继承了。

另外还存在一种多级继承的概念:

```
class A: pass
class B(A): pass
class C(B): pass
```

层级关系可以写作 C → B → A。下面来看这样一个问题。假如有一个方法 m 在 A 和 B 中都定义了,在 C 中没有定义,那么 C 的对象调用该方法时调用的是谁的方法?

```
class A:
    def m(self):
        print('I\'m A')

class B:
    def m(self):
```

```
        print("I'm B")

class C(A, B):
    pass

c = C()
c.m()
# I'm A
```

改变一下继承顺序再看一看：

```
class C(B, A):
    pass

c = C()
c.m()
# I'm B
```

好像能得到一个初步结论了，谁声明在前面就调用谁，很像广度优先算法（Breath-First Search，BFS）。

如果是多级继承关系呢？

我们可通过图 4-3 来看一下它们的关系（图中交叉线表示第二顺位）。

多级继承关系
示例程序

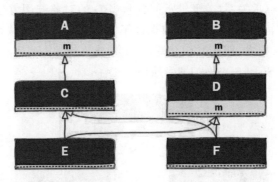

图 4-3　多级继承关系

从上面的运行结果来看，寻找方法的算法很像深度优先算法（Depth-First Search，DFS）。实际上，Python 中方法的查找算法称作 C3 算法，查找的过程称作方法解析顺序（Method Resolution Order，MRO）。

### 4.8.2　方法解析顺序

关于详细的 C3 算法的内容读者可以自行学习。这里只说明其中所蕴含的两个问题：
- 单调性问题；
- 无效重写问题。

采用 C3 算法的原因即在于它解决了上述两个问题，而 BFS 或 DFS 都无法完美解决。

### 4.8.3 单调性问题

如图4-4所示,当E的对象调用方法m时,要求先在C的父类中搜索,之后再去分支D中搜索。这是合理的,因为C的这一条独立的继承序列还没有搜索完毕。搜索顺序是 E → C → A → D → B。显然,BFS无法解决这个问题,而DFS可以。

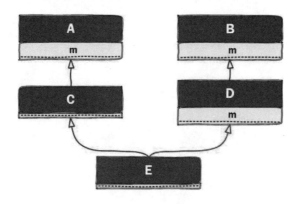

图 4-4 继承的单调性问题

### 4.8.4 无效重写问题

对于图4-5所示的继承关系(菱形继承问题),当D的对象调用方法m时,要求先在A的所有子类中搜索完毕后再搜索A,这样能够保证子类中重写的m方法可以被搜索到。如果按照DFS来进行父类方法搜索,那么B中重写的m将被A截和,永远不会被调用到,重写就没有意义了。这时候则需要BFS来做。搜索顺序为 D → C → B → A。

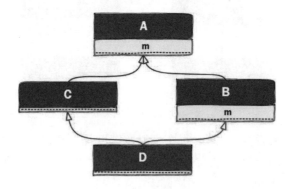

图 4-5 菱形继承问题

C3算法解决了上面两个问题。我们可以通过类的__mro__属性或mro方法来查看它的MRO顺序:

```
# 上面的E和F
from pprint import pprint
pprint(E.__mro__)
```

```
#(<class '__main__.E'>,
#  <class '__main__.C'>,
#  <class '__main__.A'>,
#  <class '__main__.D'>,
#  <class '__main__.B'>,
#  <class 'object'>)
pprint(F.mro())
#[<class '__main__.F'>,
#  <class '__main__.D'>,
#  <class '__main__.B'>,
#  <class '__main__.C'>,
#  <class '__main__.A'>,
#  <class 'object'>]
```

不论方法还是属性,都是遵从上述顺序进行搜索调用的。简单总结起来大致有 3 点:①子类优先;②声明顺序优先;③单调性。

当我们尝试写出一种 C3 算法无解的继承方式时,Python 会报错:

```
class A: pass
class B(A): pass
class C(A, B): pass
# TypeError: Cannot create a
# consistent method resolution
# order (MRO) for bases A, B
```

这是因为,按照子类优先原则,B 的搜索顺序应当位于 A 之前,然而按照声明顺序,A 却应当在 B 的前面。这样,Python 无法给出一个准确的 MRO,因而报错。所以,虽然 Python 支持多重继承,但使用不当会导致程序复杂度火箭式上升。

## 4.8.5 super

在单继承中,super 可以调用父类的方法:

```
class A:
    def m(self):
        print('A.m')

class B(A):
    def m(self):
        super().m()
        print('B.m')

b = B()
```

```
b.m()
# A.m
# B.m
```

在多重继承中,super 调用的又是哪个父类的方法呢?答案是该类 MRO 的前一个类的方法。

另外一个关键点在于,super()调用链会在第一个没有使用 super()的类中断掉。例如,上面的 B 中没有 super()导致 A 的 m 方法没有被调用。这里引出了 super()函数的真正意义所在:保证多重继承的可扩展性。试想,当我们实现了一个类希望给其他人使用时,其他人很可能为了增加某些功能而混入其他类,如果我们自己的类中没有使用 super()来初始化父类的话,使用我们类的人只能通过硬编码的方式来编写他们的代码。

MRO 方法调用顺序示例

如果我们自己的类里使用了 super(),那么一切都变得非常简单,其他人不管给出多少个或多少层的混合继承,都只需要一行代码即可完成初始化工作,因为 super()将 MRO 链上的所有方法串在了一起,大家按照既定的顺序,不多不少都被执行了一次,硬编码问题也不复存在。

未采用 super()造成硬编码问题示例

```
class My:
    def __init__(self):
        super().__init__()
        self.a = 1

class Inject:
    def __init__(self):
        super().__init__()
        self.b = 2

class Son(My, Inject):
    def __init__(self):
        super().__init__()

s = Son()
print(s.b)
# 2
```

## 4.9 属性访问的魔法——组合的实现

### 4.9.1 属性的定义

在 Python 中,简单来说,凡是存在于类里的,不论是数据、方法还是类,都叫做属性。例如我们定义一个类：

```
class A:
    def __init__(self, a):
        self.a = a
        self.b = 1

    def __str__(self):
        return str(
            self.a + self.b
        )

    def add(self):
        return self.a + self.b
```

这里，类 A 有 5 个属性，分别是两个数值 a 和 b、两个特殊方法 \_\_init\_\_ 和 \_\_str\_\_ 以及一个普通方法 add。注意这些属性都是属于类 A 的实例，只能通过实例利用点运算符来访问：

```
a = A(2)
print(a.a)
# 2
print(a.add)
# <bound method A.add of <__main__.A object at 0x000001F6A98AAA90>>
# 尝试类访问：
print(A.a)
# AttributeError: type object 'A' has no attribute 'a'
```

通过类是无法访问实例属性的。那么，如何定义类的属性和方法呢？很简单，去掉 self：

```
class B:
    a = 2
    def b():
        print(B.a)
```

这里为类 B 定义了两个类的属性 a 和 b。类的属性的访问由类名.属性名的方式进行：

```
print(B.a)
# 2
B.b()
# 2
```

所有类的实例共享同一份类的属性：

```
b1 = B()
b2 = B()
print(b1.a)
```

```
# 2
B.a = 10
print(b2.a)
# 10
```

可能有人会好奇，能不能通过实例来修改类的属性呢？试一下：

```
b2.a = 5
print(b1.a)
# 10
```

失败了。为啥呢？因为 b2.a 给 b2 这个实例定义了一个属性 a，它的值为 5，而不是修改 B.a。

## 4.9.2 组合

在面向对象编程的过程中，除去继承（inheritance）之外，另一类比较重要的委托（delegation）方式是组合（composition）。所谓组合，即将一个类的对象（设为类 A）作为另一个类（设为类 B）的属性使用。这样，B 可以使用 A 提供的方法，而不必完全继承 A。例如：

```
class B:
    def p(self, obj):
        print(obj)

# 继承方式：
class A(B):
    pass

a = A()
a.p('hi')
# hi

# 组合方式：
class A:
    def __init__(self):
        self.b = B()

a = A()
a.b.p('hi')
```

面向对象设计的一大方式是委托，即一个类只负责实现与它自己相关的功能，其他功能委托给其他类实现，这样能够更好地拆解问题。委托的方式有两类：组合和继承。它们各有优缺点，都是 OO 中不可或缺的机制。关于组合和继承，可以这样理解：动物和猫的关系是继承关系，因为猫是一种动物，它具有动物应当具有的所有属性；而猫腿、猫尾、猫须等部位和猫的关系就是组合关系，它们是猫的组成部分，分管了猫的不同功能。

知道了组合这种方式,还有一个问题。在上面的例子里,想要使用 b 的 p 方法,还需要显式地访问 b 再调用 p。好像太麻烦了一点,能不能让 p 直接作为 a 的方法来调用呢? 例如 a.p('hi')。这样接口更加统一,使用者也不必关心内部实现机制究竟是 Inheritance 还是 Composition。

想要解决这个问题,需要对 Python 的属性访问机制有个比较深刻的认识。我们都知道属性访问采用点运算符,找不到这个属性就会抛出 AttributeError 异常。Python 提供了一个机制,允许我们在抛出异常前尝试调用 __getattr__ 方法再寻找一次。这个特殊方法接收一个参数作为属性名,并返回该属性。

## 4.9.3 __getattr__

我们先写一个打印函数来看看它是在什么时候被调用的:

```
class A:
    def __getattr__(self, name):
        print('Here')
        return None


a = A()
# 访问一个不存在的属性
b = a.a
# Here
print(b)
# None
```

我们可以看出,首先,访问一个不存在的属性并没有报错;其次,在访问这个属性的过程中调用了 __getattr__ 方法。所以,我们可以利用 __getattr__ 来控制我们的属性访问机制,从而实现上面提到的那个问题:

```
class B:
    def p(self, obj):
        print(obj)


class A:
    def __init__(self):
        self.b = B()

    def __getattr__(self, name):
        return getattr(self.b, name)


a = A()
a.p('hi')
# hi
```

这样，组合的类 B 完美地融入了类 A 中。注意程序里面用到了一个 getattr 方法，这个方法和点运算符的作用一样，只不过它是函数的形式，因而属性名可以传递一个变量。

熟悉 JavaScript 的朋友都知道，在 js 中，对象的属性访问非常方便：

```javascript
// JavaScript
const obj = {
    a: 'a',
    b: 2,
    c: function () {},
};
console.log(obj.a);
// a
obj.d = 3;
console.log(obj);
// { a: 'a', b: 2, c: [Function: c], d: 3 }
```

而在 Python 中，字典项的访问不得不使用中括号加字符串完成：

```python
# Python
obj = {
    'a': 'a',
    'b': 2,
    'c': lambda _: _,
}
print(obj['a'])
# a
obj['d'] = 3
print(obj)
# {'d': 3, 'b': 2, 'c':
# <function <lambda> at 0x000002D94A3EBF28>,
# 'a': 'a'}
print(obj.b)
# AttributeError: 'dict'
# object has no attribute 'b'
```

有了刚刚介绍的 __getattr__ 方法，我们可以改写一下 Python 的字典，让它能够支持点运算符访问：

```python
class DotDict(dict):
    def __getattr__(self, name):
        return self.__getitem__(name)

obj = DotDict({
    'a': 'a',
    'b': 2,
```

```
    'c': lambda _: _,
})
print(obj.a)
# a
```

这里我们使用了另一个特殊方法\_\_getitem\_\_,下面介绍一下它。

## 4.9.4 \_\_getitem\_\_

\_\_getitem\_\_同样接收一个参数,只不过它返回的是以索引方式(中括号)访问的属性。例如序列对象值的访问,背后的方法就是\_\_getitem\_\_。同样,字典项的访问也是由它来实现的。所以在上面的例子里,我们仅仅把\_\_getitem\_\_的结果通过\_\_getattr\_\_方法返回,即实现了点运算符访问字典项的功能。来看一个例子:

```
# 只能访问序列的偶数项
class EvenList:
    def __init__(self, lst):
        self.lst = lst

    def __getitem__(self, key):
        return self.lst[2 * key]

l = EvenList([x for x in range(10)])
print(l[2])
# 4
```

访问的问题解决了,修改和删除怎么办呢?

```
# 上面的DotDict 实例obj
obj.e = 'e'
print(obj)
# {'b': 2, 'a': 'a', 'c': <function <lambda> at 0x000001A25A163730>}
```

根本没有e。怎么办呢? Python 提供了和访问配套的修改和删除操作,只要把对应的get换成set和del即可:

```
def __setattr__(self, name, val):
    self.__setitem__(name, val)

def __delattr__(self, name):
    self.__delitem__(name)

DotDict.__setattr__ = __setattr__
```

```
DotDict.__delattr__ = __delattr__

obj.e = 'e'
del obj.c
print(obj)
# {'b': 2, 'a': 'a', 'e': 'e'}
```

## 4.9.5 property

这里我们介绍一个轻量级的属性管理机制——property。所谓属性管理，即对一个属性，我们如何访问它，如何修改它，访问前是否需要做一些处理，能否删除。例如，假设一个类的某个属性存储的是一门学科的成绩，那么它就有一些限制：老师只能给出一个 0～100 的数字作为成绩，其他任何值都是无效的。按照传统的做法，我们需要为这个属性单独设置一套接口：setter 和 getter。

```
class Student:
    def __init__(self):
        self._score = 0

    def set_score(self, val):
        if not (0 <= val <= 100):
            raise ValueError()
        self._score = val

    def get_score(self):
        return self._score

s = Student()
s.set_score(60)
print(s.get_score())
# 60
```

这个方法有一些缺点：

① 繁琐，试想，想给一个学生加一分得这样写"s.set_score(s.get_score()+1)"，显然，这不是 Python 一贯的简约风格；

② 接口不统一，调用者需要仔细看清究竟是 get_score、score_get，还是 getScore；

③ 难以维护，接口不能改变，否则会影响业务代码。

Python 给出了一个轻量级的属性管理方案——property（在后续内容中会知道，property 更准确地说是一个高级数据描述符）。下面我们来利用 property 改写上面的例子：

```
class Student:
    def __init__(self):
```

```
        self._score = 0

    def set_score(self, val):
        if not (0 <= val <= 100):
            raise ValueError()
        self._score = val

    def get_score(self):
        return self._score

    score = property(
        fget = get_score,
        fset = set_score
    )

s = Student()
s.score = 80
print(s.score)
# 80
s.score += 1
print(s.score)
# 81
s.score = -100
# ValueError
```

我们可以看出，当利用 property 给 score 设置了一些方法后，就可以直接对 score 进行访问与修改，大大地提高了代码的可读性和可维护性。其接口统一，让用户在使用时不再需要关心 getter 和 setter(甚至还有 deleter)分别都叫什么。即使对类中的实现做了修改，也不影响业务侧代码的使用。

除了 property 方式之外，Python 还给出了一套装饰器实现，进一步简化了代码。

所有装饰器定义的方法名称必须一致。@property 允许在呈现给用户最终数据前能够做一些二次运算，下面看一个例子，给用户呈现 RGB 的值：

property 装饰器使用示例

```
class Color:
    def __init__(self):
        self.r = 0
        self.g = 0
        self.b = 0

    @property
    def rgb(self):
```

```python
        return '#{:02x}{:02x}{:02x}'.format(self.r, self.g, self.b)

    @rgb.setter
    def rgb(self, rgb_seq):
        assert isinstance(rgb_seq, list)
        assert all(
            0 <= x <= 255 for x in rgb_seq
        )
        self.r, self.g, self.b = rgb_seq

c = Color()
c.rgb = [10, 100, 255]
print(c.rgb)
# # 0a64ff
```

@property还允许我们建立一定的权限控制。当我们仅仅实现了@property而没有setter时,该属性就变成只读属性了:

```python
class Test:
    def __init__(self):
        self.__var = 10

    @property
    def var(self):
        return self.__var

t = Test()
print(t.var)
# 10
t.var = 100
# AttributeError: can't set attribute
```

Python中的属性访问控制是一种基于约定而非约束的方式,所以其实不存在天然的纯私有属性。以双下划线开头的私有属性被解释器换了一个名字:

```python
print(t._Test__var)
# 10
t._Test__var = 20000
print(t.var)
# 20000
```

我们来看一个有趣的现象:

```python
class A:
    def __init__(self):
```

```
        self.__var = 10
        setattr(self, '__var2', 100)

a = A()
print(a.__var2)
# 100
print(a.__var)
# AttributeError: 'A' object has no attribute '__var'
```

这是因为 setattr 会直接修改实例的 __dict__ 属性，向里面添加所设置的属性与值；而点运算符则会先进行一个属性名变换：

```
print(a.__dict__)
# {'__var2': 100, '_A__var': 10}
```

这样，我们可以尝试着禁止类对于双下划线开头属性的改名操作，只要将点运算符改成 setattr 就可以了。利用改名后的属性赋值则会生成一个全新的属性，如下：

```
a._A__var2 = 10
print(a.__dict__)
# {'__var2': 100, '_A__var2': 10, '_A__var': 10}
```

但是，这样的方式又引起了新的问题：

```
class A:
    def __init__(self):
        setattr(self, '__var2', 100)

    @property
    def var2(self):
        return self.__var2

a = A()
print(a.__var2)
# 100
print(a.var2)
# AttributeError: 'A' object has no attribute '_A__var2'
```

从这里我们可以发现，在类的内部，通过点运算符访问时，双下划线会直接被转为 _classname__attributename 的形式。所以在这种情况下需要改用 getattr 方法来直接获取 __var2 属性，它绕过了更名过程，直接从 __dict__ 中获得属性：

```
# ...
@property
def var2(self):
```

```
        return getattr(self,'__var2')
    #...

print(a.var2)
# 100
```

## 4.10 描 述 符

描述符[①]的概念在 Python 中极其重要。理解描述符,是理解 Python 本质必不可少的一环。Python 的元老 Raymond 这样评价描述符:

Learning about descriptors not only provides access to a larger toolset, it creates a deeper understanding of how Python works and an appreciation for the elegance of its design.

—— Raymond Hettinger

回顾一下之前讲过的类的属性和实例的属性:

```
class A:
    ca = 10
    def __init__(self):
        self.a = 2

a = A()
b = A()
print(a.ca)
# 10
print(a.a)
# 2
print(A.ca)
# 10
print(A.a)
# AttributeError: type object 'A' has no attribute 'a'

a.ca = 2
print(A.ca)
# 10
print(a.ca)
# 2
print(b.ca)
```

---

① https://docs.python.org/3/howto/descriptor.html。

```
# 10

A.ca = 15
print(A.ca)
# 15
print(a.ca)
# 2
print(b.ca)
# 15
```

上面的程序涵盖两类属性的各种用法,下面分别解释一下:
- ca 是类的属性,a 是实例的属性;
- 类的属性可以通过类名或实例访问,所有实例访问的都是同一个类的属性,而实例属性只能通过实例来访问(所以 A.a 会抛出 AttributeError 异常);
- 实例不能直接修改类的属性,a.ca＝2 的结果是给实例 a 定义了一个实例属性 ca,值为 2;
- 而类则可以正常修改类的属性,此时实例 a 因为定义了同名的 ca,a.ca 就不会再访问类的属性了,没有定义 ca 的实例 b 则还是访问的类的属性。

为什么是这样的呢？这是因为类与实例都维护着一个特殊属性 __dict__,里面存储着各自的属性(包括方法)。

类和实例各自的特殊属性 __dict__

我们仅仅关注两个属性:ca 和 a。能发现一些比较有趣的事情:

① 实例只有一个 a 属性,没有任何类中定义的方法,但是我们通过实例却可以访问类的属性和调用各种方法;

② 当实例和类有同名属性时,实例属性会被优先访问到;

③ a.a 等价于 a.__dict__['a']。

描述符的定义很简单,只要一个类实现了 __get__、__set__ 和 __delete__ 3 个特殊方法中的任意一个或多个,这个类就是一个描述符。

我们先来看一下 3 个方法的签名:

```
descr.__get__(self, obj, type = None) -> value
descr.__set__(self, obj, value) -> None
descr.__delete__(self, obj) -> None
```

定义一个简单的描述符:

```
class Desc:
    def __init__(self):
        self.a = 1

    def __get__(self, obj, type = None):
        print('Desc __get__')
```

```
            return self.a

    def __set__(self, obj, value):
        print('Desc __set__')
        self.a = value

    def __delete__(self, obj):
        print('Desc __delete__')
        del self.a
```

虽然描述符是一个类,但是它通常的使用方法是作为其他类(称为托管类或所有者类)的类属性:

```
class A:
    desc = Desc()
```

我们尝试着分别利用类 A 和它的实例来访问一下 desc 属性,看看会发生什么:

```
a = A()
print(A.desc)
# Desc __get__
# <__main__.Desc object at 0x000001AFC5FDF400> None <class '__main__.A'>
# 1
print(a.desc)
# Desc __get__
# <__main__.Desc object at 0x000001AFC5FDF400> <__main__.A object at 0x000001AFC5FDF470> <class '__main__.A'>
# 1
```

可以看出,访问类中的描述符会自动调用描述符中定义的__get__方法。区别在于利用类访问时,__get__方法的参数 obj 为 None;而利用实例访问时,obj 为对应的实例。

下面尝试修改 desc。

```
a.desc = 3
# Desc __set__
# <__main__.Desc object at 0x0000012A27F8F400> <__main__.A object at 0x0000012A27F8F470> 3
A.desc = 10
print(a.desc)
# 10
```

通过实例修改描述符会调用描述符中的__set__方法,而通过类修改却没有,这是因为通过类修改相当于在类中定义了一个属性,值为 10。

既然是类的属性,那么实例间是否共享呢?

```
a = A()
b = A()
```

```
a.desc = 10
# Desc __set__
# <__main__.Desc object at 0x000001F64CD0F860> <__main__.A object at 0x000001F64CD0F8D0> 10

print(b.desc)
# Desc __get__
# <__main__.Desc object at 0x000001F64CD0F860> <__main__.A object at 0x000001F64CD0F7F0> <class '__main__.A'>
# 10
```

如果把描述符作为实例属性呢？

```
class A：
    def __init__(self):
        self.desc = Desc()

a = A()
print(a.desc)
# <__main__.Desc object at 0x000002666EDFE550>
```

并没有调用__get__方法。

综上，我们可以给描述符做个总结：

- 是一个类，实现了__get__、__set__或__delete__方法中的任意一个或多个；
- 作为托管类的类属性出现；
- 能通过其他类和实例访问，只能通过实例修改，所有实例共享同一个描述符；
- 访问和修改会自动调用__get__或__set__或__delete__方法。

用一句话来说，描述符是实例与属性（包括方法）之间的代理人。描述符管理着属性的对外呈现的方式（__get__）、修改的方式（__set__）和删除的方式（__delete__），使得多个属性能够以相同的逻辑运作。为什么我们平常感觉不到描述符对属性的作用呢？原因大致有二：我们通常面对着简单的属性，或者我们的类设计得不够合理。上小节中的 property 就是一种高级描述符，它允许我们对属性做一层封装。本小节所讲的是一般化的描述符，其实现细节都可以由我们来控制，最关键的是，它可以复用（property 无法复用）。

我们用一个例子一步步来看一下描述符的作用。定义一个学生成绩类，假设有 5 门课程，分别为 Advanced Mathematics、Advanced Algebra、English、Politics 和 Python，满分 100 分。这个类通常这样定义：

```
class Student：
    def __init__(self, scores:list):
        self.am, self.aa, self.en, self.po, self.py = scores

s = Student([50, 60, 70, 80, 100])
```

当然，类内的属性不应当直接透露给外部，而是通过一定的接口给出，此外，我们需要对输入值做一定的限制,例如必须是 $0 \sim 100$ 的整数。在前文我们知道 property 可以很好地完成这件事情,我们试着给 Advanced Mathematics 加上 property 描述符:

```python
class Student:
    def __init__(self, scores:list):
        self._am, self._aa, self._en, self._po, self._py = scores

    @property
    def am(self):
        return self._am

    @am.setter
    def am(self, am_score):
        if not 0 <= am_score <= 100:
            raise ValueError('Score must be in [0, 100]')
        elif not isinstance(am_score, int):
            raise TypeError('Score must be integer')
        self._am = am_score

s = Student([50, 60, 70, 80, 100])
print(s.am)
# 50
s.am = 10
print(s.am)
# 10
s.am = 20.5
# TypeError: Score must be integer
```

好的,高数成绩搞定了,其他的怎么办?一样的写法,请扫二维码。

写到这里,读者一定发现问题了。5 个成绩属性的设置方法完全一样,只是属性名不同,如果用 property 写 5 个,完全是在做重复无用的工作。这时候,Python 描述符可以派上用场了,我们可以通过定义一个描述符来定义一套属性访问策略,控制所有成绩属性。

其他成绩属性设置输入限制

看到了吗,利用描述符便实现了我们的需求,且没有过多的重复代码。

```python
class Score:
    def __init__(self, attribute):
        self.attribute = attribute

    def __get__(self, obj, type=None):
        return obj.__dict__[self.attribute]

    def __set__(self, obj, value):
```

```
            if not 0 <= value <= 100:
                raise ValueError('Score must be in [0, 100]')
            elif not isinstance(value, int):
                raise TypeError('Score must be integer')
            obj.__dict__[self.attribute] = value

class Student:
    am = Score('am')
    aa = Score('aa')
    en = Score('en')
    po = Score('po')
    py = Score('py')
    def __init__(self, scores:list):
        self.am, self.aa, self.en, self.po, self.py = scores

s = Student([50, 60, 70, 80, 100])
print(s.py)
# 100
s.en = 10
print(s.en)
# 10
print(s.am)
# 50
s.aa = 20.5
# TypeError: Score must be integer
```

在本例中，描述符定义时传入了被描述的属性名称，如"aa"。类 Student 在构建时，描述符是先于 __init__ 被执行的。之后在执行 __init__ 方法进行初始化时，描述符就开始起作用了，self.am 就开始调用 __set__ 进行赋值了：

```
s = Student([25.5, 70, 80, 90, 100])
# TypeError: Score must be integer
```

当通过实例访问 aa 属性时，描述符 aa 的 __get__ 方法被调用，该方法将 obj（Score 类的实例）的 self.attribute 属性（实例化描述符时传进来的属性名）返回。这里为什么要使用 __dict__ 的方式返回属性而不使用点运算符呢？其一是因为属性名称是一个变量，所以需要通过 __dict__ 特殊属性方式返回；其二是因为使用点运算符就好像在 __init__ 中发生的事情一样，又一次调用了 __get__，之后又遇到了点运算符，又一次调用了 __get__ ……最终，递归深度超出了 Python 的最高限制，就会抛出 RecursionError 异常，为 aa 属性赋值也是类似的道理。

另外一点在于，实例与类都定义了同名的属性。根据前文的例子来看，实例属性会优先于类的属性被返回：

am 属性赋值
导致递归异常

```python
class A:
    ca = 10
    def __init__(self):
        self.ca = 2

a = A()
print(a.ca)
# 2
```

而具有描述符的属性则会先调用描述符的方法,这说明点运算符操作针对描述符有一套特殊的处理方式,这一点我们会在后续介绍。

## 4.10.1　property 是高级描述符的原因

property 可以充当实例到属性之间的桥梁,与普通的描述符所不同的是 property 直接将类内的同名方法作为描述符的 __get__ 等特殊方法:

```python
class A:
    def __init__(self):
        self._val = 10

    def get_val(self):
        return self._val

    def set_val(self, value):
        self._val = value

    def del_val(self):
        self._val = 0

    val = property(fget = get_val, fset = set_val, fdel = del_val)

a = A()
print(a.val)
# 10
a.val = 100
print(a.val)
# 100
```

可以看出,val 正是作为类的属性而定义的。property 接收的 3 个参数 (property 共需要 4 个参数,第四个是函数文档,这里忽略掉了)分别对应着描述符的 3 个方法,我们可以利用普通的描述符写法来实现一个 property 的功能,只需要在调用特殊方法时转而调用参数提供的方法即可。

利用普通描述符实现类似 property 的功能

property 的装饰器形式只是增加了一个语法糖,改变了接收 3 个参数的方式,其本质并没有变化,我们也可以为 Property 增加装饰器功能。

这其中的机制是怎样的呢?我们一点点来看。首先我们知道装饰器语法糖的原理是给函数包装一层再返回,所以:

Property 增加装饰器语法糖

```
@Property
def val(self):
    return self._val
```

等价于:

```
val = Property(val)
```

相当于实例化了一个类 Property,第一个参数(即 fget)是函数 val(),并返回了一个同名实例 val。经过第一个装饰器后,val 成了一个实例,它只有一个 fget 属性,另外两个属性均为 None。之后,开始定义 setter 和 deleter。同样的道理:

```
@val.setter
def val(self, value):
    self._val = value + 200
```

等价于

```
val = val.setter(val)  # 注意,这里只是解释原理,实际中不可以这样写
```

等号右侧第一个 val 是上面创建的实例,val.setter 调用的是 Property 中定义的方法:

```
def setter(self, fset):
    return type(self)(self.fget, fset, self.fdel)
```

self 是 val 实例本身,那么 type(self) 则返回的是 Property 类,而后面的语句相当于又实例化了一个新的 Property 实例并返回,所不同的是,这里的 fset 方法是传入的函数,而传入的函数正是上面等号右边第二个 val,也就是@val.setter 作用的方法。另外两个方法保持 self 本身不变。这样,经过这个装饰器后,val 就拥有了 fget 和 fset 两个方法了。@val.deleter 也是相同的过程。

Property 作为描述符,自然需要__get__、__set__和__delete__ 3 个方法,因为我们的目的是在托管类内定义描述符的方法,所以这 3 个方法的内容就成了直接调用 fget、fset 和 fdel 即可。这样,一个同 property 功能类似的描述符就创建完成了。

## 4.10.2 缓存示例

我们再给出一个缓存的例子,来加深读者对描述符的认识。假设我们有一个类,需要频繁做矩阵求逆(这里求逆矩阵我们利用 numpy 实现)。而这个类中的矩阵可能改变,也可能不变。我们尝试将矩阵求逆的结果缓存,当矩阵没有变化时,直接

矩阵求逆代码示例

返回缓存的结果。

在 Mat 类中定义的 \_\_eq\_\_ 和 \_\_ne\_\_ 重载了==和!=两个运算符,便于矩阵比较。在描述符类中,我们通过判断矩阵是否变化了来决定是否更新缓存,缓存被存入了 Mat 实例的 \_\_dict\_\_ 中,由于采用 cache 更改了名字,所以描述符的访问不会被 \_\_dict\_\_ 覆盖。结果我们看到,在第一次访问 invert 属性时,耗时约 2.255 6 s,第二次访问因为有了缓存,只用了 0.006 s,相当于只读取了一个结果。第三次访问之前我们把矩阵改变了,结果自然需要重新计算逆矩阵,耗时 2.150 67 s。

有人可能会问,为何不在 Mat 类内部去实现这套缓存逻辑?原因其一在于利用描述符可以更好地解耦类的关联,其二在于 Caching 可以复用于任意的一元操作:

```
@Caching
def det(self):
    return np.linalg.det(self.mat)
```

## 4.10.3 数据描述符和非数据描述符

描述符分为数据描述符和非数据描述符两类。其中数据描述符是指具有 \_\_set\_\_ 方法的描述符。

```
# data descriptor
class DD:
    def __set__(self, obj, value):
        obj.__dict__['dd'] = value
```

其他任何形式的描述符都是非数据描述符,例如只定义了 \_\_get\_\_ 方法的描述符。

```
# non-data descriptor
class NDD:
    def __get__(self, obj, type=None):
        return obj.__dict__['ndd']
```

两者有什么区别呢?一个最显著的区别在于数据描述符的访问优先级是最高的,比 \_\_dict\_\_ 属性还高,而非数据描述符的访问优先级较低,低于 \_\_dict\_\_。这里仅仅看一个例子,详细的原理会在后文介绍:

```
# 利用上面两个描述符创建一个类
class Test:
    dd = DD()
    ndd = NDD()
    def __init__(self):
        self.dd = 50
        self.ndd = 100

t = Test()
```

```
print(t.dd)
# In DD __set__
# In DD __get__
# 100
print(t.ndd)
# 100
```

可以看出,当数据描述符、实例属性和非数据描述符同时存在时,访问优先级是数据描述符＞实例属性＞非数据描述符。

## 4.10.4 方法

我们在前文介绍过,类中定义的方法都是类的属性,在实例的__dict__字典项中没有。那么,为什么利用实例能够调用这些方法呢?

```
class A:
    def p(self):
        print('Class attribute')

a = A()
print(a.__dict__)
# {}
a.p()
# Class attribute
print(hasattr(a.p, '__get__'))
# True
```

原来如此,方法居然是描述符!这就解释了为什么不在__dict__中也能访问到了。我们试着调用一下实例的方法对象的__get__方法:

```
print(a.p.__get__(a))
# < bound method A.p of <__main__.A object at 0x106076b38 >>
```

可以看出它是类 A 的一个绑定方法,继续调用一下它试试:

```
a.p.__get__(a)()
# Class attribute
```

可以看出,和 a.p() 是一个效果(因为 a.p 正是 a.p.__get__)。这里就产生了两个问题:①为什么类的方法要做成描述符?②为什么类的方法要做成非数据描述符?

## 4.10.5 为什么做成描述符?

我们假设 Python 设计成这样,实例也可以定义自己的方法,实例方法存在各自的__dict__

中,这样就可以大大地简化访问的问题,因为大家各自都是独立的,自己找自己的__dict__即可。这样设计的问题也很清楚,同一份代码逻辑要被复制 N 次。因此方法需要设计为实例公共所有。但是如何让方法能够操作各自实例的属性而不互相影响呢?利用 self。现在,我们的方法定义为了类的属性,且第一个参数为 self,用于操作各个实例自身的属性。当我们利用实例来调用时发生了什么呢?

```
class A:
    def p(self):
        print('Class attribute')

a = A()
a.p()
```

① 在实例属性中没找到 p 的定义,转去类的属性中找。
② 在类的属性中找到了,是个函数(注意这 4 个字,判断类型这类操作在 Python 中不被推荐,因为它有违鸭子类型)。
③ 把实例作为这个函数的第一个参数传入,得到一个新的函数(就是上文介绍的绑定的方法,将实例同函数绑定)并返回。
④ 调用这个函数。

```
print(a.p)
# <bound method A.p of <__main__.A object at 0x1061a3358>>
print(A.p)
# <function A.p at 0x106f287b8>
a.p()
# Class attribute
A.p(a)
# Class attribute
```

这一套逻辑本没什么问题,但是解释器需要去区分多种情况,如果是实例访问且是函数,则绑定;其他任何情况都不绑定 self;而如果是非函数,则不绑定;等等。我们更希望能有一套统一的方式来处理类中的函数和非函数对象以及实例访问和类访问等问题。解决的方法就是,让函数自己决定何时进行 self 绑定。所以,Python 中的函数被设计为具有 __get__ 方法,当 __get__ 方法被调用时,返回一个绑定了 self 的新方法。而 __get__ 被调用的时机,正是通过实例访问类的函数属性:

```
from functools import partial
# 函数类
class Function:
    def __get__(self, obj, type=None):
        if obj is None:
            # 这样可以保证正常通过类来访问
            return self
```

```
            return partial(self, obj)

    def __call__(self, obj):
        print('Class Function')

class A:
    func = Function()
    def func2(self):
        print('Class Function')

a = A()
a.func()
# Class Function
a.func2()
# Class Function
```

上面的 Function 其实就是类中定义的函数的真正面貌。这样，Python 解释器就无须再区分一个属性是否为函数了，而直接依据优先级来访问 __dict__ 或是 __get__。上面的所有问题都统一了。

利用 Python 官方文档的话来讲，(非数据)描述符统一了 Python 面向对象与函数环境的缝隙：Python's object oriented features are built upon a function based environment. Using non-data descriptors, the two are merged seamlessly.

最后再解释一下为什么是非数据描述符。这样做的目的是让函数本身不可被赋值：

```
class A:
    def func(self):
        pass

a = A()
a.func = 10
print(type(a.func))
# <class 'int'>
```

在上面的代码中，func 变成了对数字 10 的引用，而不是对上面函数的引用。这样，函数就不再存在了。所以要么保留为函数，要么由实例普通属性覆盖，清晰明确。如果定义了 __set__ 方法，可以想象将会出现这样的情况：

```
# 假如函数有 __set__，这样定义：
def __set__(self, obj, value):
    obj.__dict__[self.__name__] = value

a.func = 10
print(type(a.func))
# <class 'method'>
```

## 4.10.6 类方法与静态方法

类中定义的方法有两类比较特殊的方法,分别称作类方法和静态方法。熟悉 C++或 Java 的读者一定对静态方法非常熟悉。静态方法用于同类进行交互,它不依赖于任何实例存在。也就是说,在 Python 中,静态方法不需要 self 参数来指明实例。静态方法 staticmethod()或装饰器@staticmethod 用于指明一个方法是静态的:

```python
class A:
    a = 2
    def static1():
        a += 1
        print('static1: a = {}'.format(A.a))

    static1 = staticmethod(static1)

    @staticmethod
    def static2():
        a += 1
        print('static2: a = {}'.format(A.a))

a = A()
b = A()
a.static1()
# static1: a = 3
b.static2()
# static2: a = 4
A.static2()
# static2: a = 5
```

可以看出,类和任何实例都可以调用静态方法,而且因为静态方法没有绑定 self,所以不可以操纵实例的任何属性,只能使用类的属性。

这和我们之前介绍的类的方法有什么区别呢?

```python
class A:
    a = 1
    def cmethod():
        a += 1
        print('cmethod: a = {}'.format(A.a))

a = A()
A.cmethod()
# cmethod: a = 2
a.cmethod()
# TypeError: cmethod() takes 0 positional arguments but 1 was given
```

可以看出,类的方法只能类自己使用,因为一旦通过实例去访问,那么将会调用 cmethod.__get__()并将实例本身绑定为 cmethod 的第一个参数,可是 cmethod 不接收任何参数!

那么静态方法又是怎么实现的呢?解铃还须系铃人,自然是通过描述符实现,而且十分简单,因为省去了绑定实例的操作,所以直接将被装饰的函数返回即可:

```python
class StaticMethod:
    def __init__(self, func):
        self.func = func
    def __get__(self, obj, type = None):
        return self.func
```

类方法同静态方法的唯一区别在于类方法需要一个 cls 参数来代表类(和 self 一样,也是约定俗成的写法,可以换成 this、that 等):

```python
class A:
    def clsmethod(cls):
        print(cls == A)
        return cls()
    clsmethod = classmethod(clsmethod)

    @classmethod
    def clsmethod2(cls):
        return cls()
```

类方法当然用类来调用,同实例方法类似,调用类会被作为第一个参数 cls 同类方法绑定:

```python
a = A.clsmethod()
# True
```

类方法也可以通过实例调用,只不过类方法会把实例的 type(也就是实例所属的类)绑定:

```python
b = a.clsmethod()
# True
```

类方法有什么作用呢?一个比较实用的作用就是用于工厂类的实例化(下面的例子来自 Stack Overflow[①]):

```python
class Date:
    def __init__(self, day = 0, month = 0, year = 0):
        self.day = day
        self.month = month
        self.year = year
```

---

① https://stackoverflow.com/questions/12179271/meaning-of-classmethod-and-staticmethod-for-beginner。

假设用户需要通过"2018-7-23"这种字符串来初始化一个 Date 类,那么仅仅依靠 \_\_init\_\_ 就会造成复杂的条件判断:

```python
class Date:
    def __init__(self, date_str = None, day = 0, month = 0, year = 0):
        if date_str:
            year, month, day = date_str.split('-')
            self.year, self.month, self.day = int(year), int(month), int(day)
        else:
            self.day, self.month, self.year = day, month, year
```

这种写法一方面会造成阅读困难,另一方面可能会影响业务逻辑,还涉及了优先级问题。而利用 classmethod 可以轻松地解决:

```python
class Date:
    def __init__(self, day = 0, month = 0, year = 0):
        self.day, self.month, self.year = day, month, year

    @classmethod
    def date_str(cls, date):
        return cls(*map(int, reversed(date.split('-'))))

d = Date.date_str('2018-7-23')
print(d.year, d.month, d.day)
# 2018 7 23
```

实际上,利用静态方法也可以实现上述功能:

```python
class Date:
    def __init__(self, day = 0, month = 0, year = 0):
        self.day, self.month, self.year = day, month, year

    @staticmethod
    def date_str(date):
        return Date(*map(int, reversed(date.split('-'))))

d = Date.date_str('2018-7-23')
print(d.year, d.month, d.day)
# 2018 7 23
```

然而,这里最大的问题是使用了硬编码 Date,这样,当这个类被继承之后,除非重写 date_str,否则利用 date_str 获得的实例还是 Date 的实例,而不是子类的实例。

我们利用描述符来实现一下 classmethod,和普通实例的方法一样,只不过将类进行绑定即可:

```
from functools import partial
class ClassMethod:
    def __init__(self, func):
        self.func = func

    # 这里因为需要使用 type,所以在参数列表中改了个名字
    def __get__(self, obj, klass = None):
        if klass is None:
            klass = type(obj)
        return partial(self.func, klass)
```

利用 Date 试试效果：

```
class Date:
    def __init__(self, day = 0, month = 0, year = 0):
        self.day, self.month, self.year = day, month, year

    @ClassMethod
    def date_str(cls, date):
        return cls(* map(int, reversed(date.split('-'))))

d = Date.date_str('2018-7-23')
print(d.year, d.month, d.day)
    # 2018 7 23
```

一个贴近现实的 classmethod 例子是 dict 初始化。想要新建一个字典，可以利用 dict：

```
dic = dict(a = 'a', b = 1)
print(dic)
# {'a': 'a', 'b': 1}
```

Python 提供了一个类方法 fromkeys()，允许通过一个可迭代对象创建一个字典：

```
dic = dict.fromkeys('abcde', 1)
print(dic)
# {'a': 1, 'b': 1, 'c': 1, 'd': 1, 'e': 1}
```

## 4.11 属性访问的魔法——__getattribute__

我们在前文介绍了几种影响属性访问的方式，如 __getattr__ 以及描述符等。现在我们具有了一些与属性相关的概念，下面列举一下：

① 实例属性；
② 父类实例属性（包括父类的父类……）；

③ 类属性；
④ 父类类属性；
⑤ 数据描述符；
⑥ 非数据描述符；
⑦ __getattr__。

我们用一个例子将上面这 7 项全部包含进去，请扫二维码。

我们每次都将打印出来的代码注释掉，可以清楚地看出通过实例进行属性访问的优先级顺序：

带有描述符、继承和 __getattr__ 的示例程序

```
# I'm data descriptor
# I'm inst att
# I'm F att
# I'm non-data descriptor
# I'm class att
# I'm F class att
# I'm attr att
# I'm attr class att
# AttributeError
```

这其中有个问题，因为类属性和描述符都定义在类级，所以定义在后边的一项将覆盖前面的一项，因而无法直接比较两者的优先级。但非数据描述符一定位于父类类属性之前。

从上文我们可以看出，实例属性访问的顺序为数据描述符→实例__dict__（父类实例实际上被继承进子类了）→非数据描述符＝普通类属性→父类类属性→__getattr__→AttributeError。

## 4.11.1 __getattribute__

实际上，Python 拥有一套内部属性访问机制，允许我们按照一定的顺序去寻找一个属性的位置或是修改、删除一个属性。这套机制由 3 个特殊方法控制，它们分别是__getattribute__、__setattr__和__delattr__。

__getattribute__会在访问大多数属性（不是全部，后面会说到）时被无条件调用，它接收一个参数作为属性名，并按照上述顺序查找该属性，找到则返回，否则抛出 AttributeError 异常。__getattribute__很像一个"钩子"，钩住了属性访问的语句。

```
class A:
    ca = 10
    def __init__(self):
        self.a = 2

    def __getattribute__(self, name):
        print('Attribute access')

a = A()
```

```
print(a.a)
# Attribute access
# None
print(a.ca)
# Attribute access
# None
```

另外一个问题在于,我们在定义类的时候,通常没有定义这个方法,那它是怎么起作用的呢?答案是调用了 object 基类(通过实例访问时)或 type 元类(通过类访问时)的__getattribute__方法。

```
class A:
    ca = 10
    def __init__(self):
        self.a = 2

    def __getattribute__(self, name):
        print('Attribute access')
        return object.__getattribute__(self, name)
        # 当然这里可以用 super 来替代,因为 object 是所有类的基类
        # 利用 super 可以调用继承链中的__getattribute__
        # return super().__getattribute__(name)

a = A()
print(a.a)
# Attribute access
# 2
print(a.ca)
# Attribute access
# 10
print(A.ca)
# 10 类与实例
```

可以看出,通过类访问类属性时,实例的__getattribute__方法并没有被调用。如何定义类的__getattribute__方法?这需要用到元类的知识,我们放在后面介绍。

## 4.11.2 __getattr__ 与 __getattribute__

如果你还记得前面介绍的__getattr__,你会发现两者好像功能很像,都是接收一个属性名参数,返回实际的属性值。但是两者是完全不同的存在。我们在上面的例子中也能发现,__getattr__虽然被定义了,但是只有当排在前面的几种属性都没有找到时,才会调用__getattr__。而这个最后由__getattr__兜底的搜索功能是__getattribute__定义的,且默认是在 object 中实现的,它会被无条件地调用。所以说,只有当默认的__getattribute__没有找到目标属性时,才

会去调用用户定义的\_\_getattr\_\_来做最后的尝试。实际上,只要在\_\_getattribute\_\_中抛出 AttributeError 异常,解释器就会执行\_\_getattr\_\_:

```
class A:
    def __getattribute__(self, name):
        print('Finding in __getattribute__')
        raise AttributeError('Not found')

    def __getattr__(self, name):
        print('Found in getattr')
        return 0

a = A()
print(a.b)

# Finding in __getattribute__
# Found in getattr
# 0
```

## 4.11.3 特殊方法的访问

前面强调了,\_\_getattribute\_\_并不是访问任何属性都会自动被调用。对于一些内建函数来说,Python 有其他的属性访问方式。

以 len() 为例,调用 len(a) 实际上调用的是对象 a 的\_\_len\_\_特殊方法:

```
class A:
    def __len__(self):
        print('Call __len__ of Class A')
        return 0

a = A()
print(len(a))
# Call __len__ of Class A
# 0

print(a.__len__()) #这两个结果是一样的
# Call __len__ of Class A
# 0

print(A.__len__(a))
# Call __len__ of Class A
# 0
```

现在我们给类 A 加上自定义的 \_\_getattribute\_\_ 方法,看看会发生什么:

```
def __getattribute__(self, name):
    print('Self-defined __getattribute__')
    return object.__getattribute__(self, name)

A.__getattribute__ = __getattribute__
print(a.__len__())
# Self-defined __getattribute__
# Call __len__ of Class A
# 0

print(len(a))
# Call __len__ of Class A
# 0
```

可以看出,前者调用了 A 中的\_\_getattribute\_\_方法,而后者则没有。这说明 Python 对于内建方法的调用会绕开\_\_getattribute\_\_。这样做的目的是解决一个叫做"元类混乱"(metaclass confusion)的问题。

## 4.11.4 自定义\_\_getattribute\_\_

在通常情况下,我们都不需要去碰触\_\_getattribute\_\_这个方法。Python 为我们已经做好了一个高速的正确的版本(高速因为是利用 C 语言实现的)。如果确实需要自定义一些属性的查询方式,可采用描述符或\_\_getattr\_\_。\_\_getattribute\_\_具有极强的破坏力,稍有不慎就会带来灾难性的后果。

**1. 无尽循环**

和描述符中的\_\_get\_\_很类似,\_\_getattribute\_\_也可能产生无限循环的问题。因为对当前类的任何的属性访问都会无条件地先执行\_\_getattribute\_\_,所以在\_\_getattribute\_\_中如果写了任何对当前类的属性访问的语句都会出错(注意是任何,不管是点运算符,还是 getattr、\_\_dict\_\_):

```
class A:
    def __getattribute__(self, name):
        return self.name
      # return getattr(self, name)
        # return self.__dict__[name]

a = A()
a.b = 1
print(a.b)
# RecursionError: maximum recursion depth exceeded while calling a Python object
```

上面的 3 条 return 语句都会导致递归异常，原因介绍过了，所以在 \_\_getattribute\_\_ 中必须避免对当前类的属性访问，但是可以访问父类或元类的属性：

```python
class B:
    def __getattribute__(self, name):
        return 10

class A(B):
    def __getattribute__(self, name):
        return super().__getattribute__(name)

a = A()
print(a.b)
# 10
```

或是直接访问 object 的方法，就像前面介绍的。需要指出的是，object 中的 \_\_getattribute\_\_ 是利用 C 语言实现的，因而具有极高的效率，任何对 \_\_getattribute\_\_ 的 Python 重写都会极大地影响效率（因为每个属性访问都会经过 \_\_getattribute\_\_）。

**2. 不可思议的结果**

\_\_getattribute\_\_ 如果要改写，那么必须保证它正确抛出异常，否则会带来意想不到的结果：

```python
class A:
    def __getattribute__(self, name):
        print('hi')

a = A()
if hasattr(a, 'b'):
    print('a has attribute b')

# a has attribute b
print(a.b)
# None
```

在正常情况下，a 里应该没有 b 属性，因为从头到尾也没有定义 b，然而，hasattr(a, 'b') 却返回了 True 的结果，因为 \_\_getattribute\_\_ 没有返回值，也没有抛出异常。

**3. \_\_setattr\_\_**

有 get 自然也存在 set 和 del 的版本。不幸的是，set 和 del 的版本就是 \_\_setattr\_\_ 和 \_\_delattr\_\_，而不是 \_\_setattribute\_\_ 和 \_\_delattribute\_\_。\_\_setattr\_\_ 在属性赋值时会无条件地执行：

```python
class A:
    def __setattr__(self, name, value):
        print('In __setattr__')
```

```
        self.__dict__[name] = value

a = A()
a.b = 0
# In __setattr__
```

关于这两个属性就不再多介绍了,它们和 __getattribute__ 非常类似,只不过是用于赋值和析构。例如,__setattr__ 也会有递归异常问题,所以需要调用 object 的方法完成:

```
class A:
    def __setattr__(self, name, value):
        self.name = value

a = A()
a.b = 0
# RecursionError: maximum recursion depth exceeded while calling a Python object

# 应改为 __dict__ 或调用 object.__setattr__
class A:
    def __setattr__(self, name, value):
        object.__setattr__(self, name, value)

a = A()
a.b = 0
print(a.b)
# 0
```

## 4.11.5 属性访问方式的总结

属性是类中最基本的单元,任何一个定义在类中的元素都是属性。通常,属性会存储在所处作用域的 __dict__ 特殊属性中。例如,实例的属性存储于实例的 __dict__ 中,而类的属性存储于类的 __dict__ 中。

```
class A:
    cls_a = 1
    def __init__(self):
        self.obj_a = 2

a = A()
print(a.__dict__)
# {'obj_a': 2}
print(A.__dict__)
```

```
# {'__dict__': < attribute '__dict__' of 'A' objects >, '__module__': '__main__', '__init__': <
function A.__init__ at 0x0000029EB4A34048 >, '__doc__': None, 'cls_a': 1, '__weakref__': <
attribute '__weakref__' of 'A' objects >}
```

访问属性通常有 3 种方式:点运算符、直接访问 __dict__ 中的字典项、getattr 方法。

```
print(a.obj_a)
print(getattr(a,'obj_a'))
print(a.__dict__['obj_a'])

# 2
# 2
# 2
```

另一种比较特殊的访问方式是利用中括号访问,这多存在于各种数据类型中:

```
dic = {
    'a': 1,
    'b': 'c'
}
lst = [1, 2, 3]
print(dic['a'])
# 1
print(lst[0])
# 1
```

这种访问方式是通过 __getitem__ 协议支持的。实现了 __getitem__ 协议的类可以利用中括号访问属性:

```
class GetItem:
    def __getitem__(self, key):
        if key == 'a':
            return 1
        else:
            return 2
g = GetItem()
print(g['a'])
# 1
print(g[0])
# 2
```

在 Python 中,属性的访问(不包括 __getitem__)由 __getattribute__ 特殊方法控制。该方法在基类 object 中利用 C 语言实现,如果用户没有覆盖这个方法,那么类的属性访问将会调用 object 中的 __getattribute__ 完成:

```
class A:
    cls_a = 1
    def __init__(self):
        self.obj_a = 2
    def __getattribute__(self, name):
        print('In __getattribute__ Class A')
        return object.__getattribute__(self, name)

a = A()
print(a.obj_a)
#'In __getattribute__ Class A'
# 2
```

# 后 记

受限于本书的篇幅,本书仅为读者介绍了 4 章的内容,这些内容仅仅是 Python 这门语言的一些方面,诸如协程、类型注解、并发编程、网络和进程间通信、C 语言调用、标准库、社区运作方式、软件打包等内容未涵盖到本书中,留待读者自行通过其他资料补充学习。此外,诸如人工智能等的实现方式也不在本书介绍的范围内,这类信息读者可从互联网或其他相关著作中获取。虽然 Python 是人工智能领域事实上的基础语言,但实际上,Python 仅仅操作人工智能计算库所提供的 API 的工具,例如,我们利用 PyTorch 搭建神经网络,实际上是调用了 PyTorch 的各个接口函数。由于人工智能模型的训练依赖于硬件上的计算资源,各类框架的底层代码均由 C/C++实现,所以没有绝对的编程语言好与坏,只有对当前任务的适宜与不适宜。因此,本书的核心目标并不是对某些 Python 知识点进行介绍或讲解,而是期望为读者拓展思路,帮助读者在 Python 的学习道路上照亮前行的路,让读者真正地理解这门语言的魅力,并为 Python 的发展贡献自己的力量。

最后,由衷地感谢对本书的出版有所帮助的所有人!